·········· 主编◎缪盛雷 ··········
副主编◎竺月飞 韩仁建 竺尧方

竺济法 李则琴◎著

奉茶撷英

赏雪窦胜迹 品奉化曲毫

光明日报出版社

图书在版编目（CIP）数据

奉茶撷英 / 竺济法, 李则琴著. -- 北京 ： 光明日
报出版社, 2023.4

ISBN 978-7-5194-7124-8

Ⅰ. ①奉… Ⅱ. ①竺… ②李… Ⅲ. ①茶文化—奉化
Ⅳ. ①TS971.21

中国国家版本馆CIP数据核字（2023）第054224号

奉茶撷英

FENGCHA XIEYING

著　　者：竺济法　李则琴

责任编辑：谢　香　孙　展　　　　　责任校对：傅泉泽
封面设计：李尘工作室　　　　　　　责任印制：曹　净

出版发行：光明日报出版社
地　　址：北京市西城区永安路106号，100050
电　　话：010-63169890（咨询），010-63131930（邮购）
传　　真：010-63131930
网　　址：http://book.gmw.cn
E - mail：gmrbcbs@gmw.cn
法律顾问：北京兰台律师事务所龚柳方律师

印　　刷：北京圣美印刷有限责任公司
装　　订：北京圣美印刷有限责任公司
本书如有破损、缺页、装订错误，请与本社联系调换，电话：010-63131930

开　　本：170mm×240mm
字　　数：340千字　　　　　　　　印　　张：20
版　　次：2023年4月第1版　　　　印　　次：2023年4月第1次印刷
书　　号：ISBN 978-7-5194-7124-8

定　　价：98.00元

《奉茶撷英》编委会

主编单位：奉化区农业农村局
　　　　　奉化区档案馆
　　　　　奉化区茶文化促进会

主　编：缪盛雷

副主编：竺月飞　韩仁建　竺尧方

执　笔：竺济法（古代篇）　李则琴（现当代篇）

编　委：（以姓氏笔画为序）
　　　　王礼中　方乾勇　邬志勇　杨建华　李则琴
　　　　竺尧方　竺济法　韩仁建　董苾莉　缪盛雷

雪窦山水茶禅冠天下

郭正伟

佛地奉化历史悠久，人文荟萃，史载"以其民淳，易于遵奉王化"。近年境内发掘的下王渡遗址、茗山后遗址出土文物表明，奉化已有近六千年人类文明史，属河姆渡文化和良渚文化组成部分，源远流长。从大量出土的文物来看，史前奉化已达到一定的文明程度。

人类文明先有活动，漫长历史之后才发明文字，始有文字记载。一般来说，包括茶文化活动，史实均早于文字记载。奉化系江南传统绿茶产区，已出土战国时期陶杯、西晋越窑青釉瓷盏、南朝越窑青釉瓷盏、唐代越窑青瓷釉花口盏等多种类似茶器具，说明先民较早已有饮茶习俗。目前传说布袋和尚饮茶为奉化最早茶事，到了北宋，长期隐居于杭州西湖孤山之乡贤林逋，留有多首茶诗，不乏名言佳句，其中家乡茶事对其创作不无影响。

奉化形胜，以雪窦山为最。雪窦山系国家森林公园，国家5A级旅游景区，浙江省文化传承生态保护区，被誉为"四明第一山"。经过多年建设，中国五大佛教名山之一的弥勒道场现已初具规模。

雪窦寺宋代即名列"五山十刹"十刹之五。非常难得的是，有宋一代，先后有七任皇帝、十次封题或赏赐奉化雪窦寺。其中太宗赵炅遣使赏赐经籍及《宗镜录》，另赐石刻御书二部。真宗赵恒赐名并题书"雪窦资圣禅寺"寺额。仁宗梦游"八极之表",醒后深为梦中美景所吸引,派人到全国各地摹画天下名山进呈对照,当其看到雪窦山"双流效奇,珠林挺秀"之景观,认定雪窦山即为其梦境所见的"八极之表",遂敕谕一道,赐沉香山子一座,龙茶二百片,白金五百两,御服一袭。哲宗赵煦赐号布袋和尚为"定应大师"。理宗赵昀为雪窦寺手书"应梦名山"。

宋代大文豪苏东坡有诗云:"高怀却有云门兴,好句真传雪窦风""此生初饮庐山水,他日徒参雪窦禅"。雪窦山、水、寺、茶、禅令人神往,古往今来,历代高僧大德、名人大家,为后世留下了大量优秀诗文、茶禅诗偈。其中著名的如宋代雪窦寺住持雪窦重显、无准师范;奉化籍高僧大川普济;宋元奉化文坛"双子星"陈著、戴表元;明代雪窦寺住持石奇通云;曾任奉化县令,以文章、气节列为明代"四贤"之徐献忠;民国雪窦山住持"四大高僧"之一太虚大师;等等。这些书中均有详细介绍。据作者竺济法介绍,奉化遗存的民国之前茶文化诗词近180首,在宁波市各县(市)区名列前茅。

当代奉化茶产业以科技为先导,发展势头良好,培育、涌现出一批骨干茶企业。白茶小镇大堰镇发展高山白茶三千亩,取得良好经济效益。全区现有茶园面积近2万亩,区域公众品牌雪窦山牌奉化曲毫,形质兼优,屡获"中绿杯"等名优茶权威奖项,取得国家地理标志产品证明商标,系宁波市主要茶品牌之一,为乡村振兴村民致富做出了重要贡献。奉化区茶文化促进会贯彻落实习近平总书记茶文化、茶产业、茶科技一起抓重要指示,大力推进"三统筹"发展,争取百尺竿头更进一步,取得更大成绩。

今《奉茶撷英》成书付梓,喜闻乐见,聊撰数言,是为序。

(作者系宁波茶文化促进会会长,中共宁波市委原副书记)

目 | 录

古代篇

现当代篇

引　言

遵奉王化之地　续写茗山辉煌

　　宁波市奉化区地处长三角南翼，位于东海之滨，北距宁波市区30公里，东濒象山港，隔港与象山县相望，南连宁海县，西接新昌县、嵊州市和余姚市，北交海曙区、鄞州区，是著名的弥勒圣地、蒋氏故里。该区人文底蕴丰厚，名人高僧辈出。境内距今5800年的下王渡遗址和5600年的茗山后遗址，均属河姆渡文化和良渚文化时期。

　　奉化在秦汉时属鄞县，晋代至隋代属句章县、鄮县。其中秦王政二十五年（前222）至隋开皇八年（588），属会稽郡鄮县，县治设白杜里（今奉化白杜村），在相当长一段时期内是宁波区域政治、经济和文化中心。唐开元二十六年（738）析鄮县置奉化县，元成宗元贞元年（1295）改奉化州，明洪武二年（1369）复称奉化县，1988年撤县设市，2016年11月设为宁波市奉化区。

　　奉化之名由来，有三种说法：一是县由郡名而来。宋元宁波地方志《四明志》载："是时州曰明，郡曰奉化，又以郡名名县。"二是百姓乐于奉承王化得名。明《舆地名胜志》载："以其民淳，易于遵奉王化。"三是以山为名。明嘉靖《奉化县图志》载："县东南五里，有山特起曰奉化，唐开元二十六年析鄮县地置奉化县于此，因以名焉。"

　　2016年，在江口街道下王渡村东，发现距今5800多年的下王渡遗址。遗

❀下王渡遗址考古发掘现场

址地层堆积深 2.0～2.5 米，时代由早至晚，分别为河姆渡文化晚期、良渚文化时期、钱山漾文化时期和商周时期、宋元时期，其中史前文化堆积为遗址主体堆积。

2017 年 9 月 6 日，该遗址发布Ⅰ期考古成果，核心区分布范围约 9500 平方米，属于河姆渡文化晚期，距今约 5800 年。其中Ⅰ期总发掘面积 3000 平方米，共清理出史前至宋元时期各类遗迹现象 170 处，出土残损文物标本千余袋、各类可修复文物 320 余件，以及丰富的动植物遗存；遗物丰富，有陶、石、骨、木器，还发现有编织物、碳化种子和动物骨骼等。良渚文化时期遗迹见有土台、建筑基址、墓葬、水井和灰坑等；遗物较多，有陶、石、木器。钱山漾文化、商周和宋元时期遗存堆积单薄，遗物较少。

该遗址延续时间较长，保存状况较好，遗存内涵丰富，文化因素复杂，对研究宁绍地区史前文化的变迁具有重要意义。同时，该遗址地处三江交汇平原地带，

🌿下王渡遗址Ⅰ期出土遗物

🌿奉化出土的战国时期陶杯（奉化博物馆藏）

❧奉化出土的西晋越窑青釉瓷盏（奉化博物馆藏）

开启了依托平原作为居址的先例，为研究河姆渡文化聚落形态的变化及其扩散原因等提供了新的视角。专家表示，该遗址的发现，具有重要的历史、文化和学术研究价值。

早于下王渡遗址发现的茗山后遗址，又称名山后遗址，其名称与茶事无关，位于奉化江口镇名山后村，总面积约 2 万平方米，文化堆积厚 2.7 米，分属河姆渡文化和良渚文化时期，最早年代距今约 5600 年。经过 1989 年和 1991 年两次发掘面积 60000 多平方米，出土了建筑、土筑高台和墓葬等遗迹及数百件玉、石、陶质遗物。该遗址的发现，为研究河姆渡文化的后续发展提供了重要材料，是河姆渡文化与良渚文化之间地层叠压关系最清楚的一个遗址。

该遗址的发现与发掘，主要有三大收获：一是发现了良渚文化的方形覆斗状

🌱2011 年 1 月，名山后遗址被列为浙江省文物保护单位

🌱1989 年名山后遗址出土的新石器时代灰陶盘

土台。二是获得了河姆渡文化及后续文化（良渚文化名山后类型）上下叠压的地层关系，并获得了河姆渡文化三、四期联系更为紧密、年代更精确的地层资料。夹砂红陶、泥质红陶、泥质灰陶彼此的消长变化过程很清晰。三是获得了河姆渡文化第四期之墓葬资料。

得山海之利，奉化历代为富庶之地，北宋年间主编的《元丰九域志》，已将奉化列为望县。新中国成立以后，尤其是改革开放之后，社会经济发展迅猛，撤市设区之后，更使奉化融入宁波市发展快车道。

2021年实现地区生产总值848.44亿元，比上年增长5.6%。其中第一产业增加值33.79亿元，增长3.5%；第二产业增加值523.83亿元，增长9.1%；第三产业实现增加值290.82亿元，增长0.2%。完成财政总收入119.98亿元，比上年增长19.9%。全年全体居民人均可支配收入51587元，比上年增长9.8%。户籍人口477862人。

奉化生态环境优越，是中国优秀旅游城市。全市森林覆盖率达到66%，常年300多天大气环境质量达到国家一级标准，是国家卫生城市、省生态城市和省环保模范城市。产业发达，是全国经济和综合实力"双百强"县（区）。物产丰富，有茶叶、水蜜桃、竹笋、芋艿、花卉苗木、海水养殖等十大主导农产品，先后被授予"中国水蜜桃之乡""中国芋艿头之乡""中国花木之乡"，是全国休闲农业与乡村旅游示范县、省首批"农业特色优势产业综合强县"。工业块状集群明显，基本形成了以船舶制造、汽车及零部件、气动元件、厨卫配件、服装服饰为主导的现代产业体系，现代物流、商贸、生态房产等现代服务业发展迅速。

19世纪初，闻名全国的"红帮裁缝"发源于此。近代奉化人制作出了国内第一套中山装和西服。1997年，被国务院发展研究中心授予"中国服装之乡"之美称。纵使百年时光流转，岁月更迭，奉化服装业始终与时俱进，当代涌现出了罗蒙、爱伊美、长隆、霓楷、丹盈等一批纺织服装优秀企业，奉化服装正在向"品牌化、国际化、高端化"转型升级。

❧奉化水蜜桃

🍃十里桃花长廊景观之一

作为旅游胜地，国家 5A 级雪窦山风景区，历年为宁波市各大景区游客接待之最。蒋氏故里溪口和"全球生态 500 佳""世界十佳和谐乡村"滕头以世界唯一乡村分别入选上海世博会"城市未来馆"亚洲唯一代表案例和"城市最佳实践区"案例。

奉化高僧辈出，是名副其实的高僧修行之地。本土高僧有晚唐宗亮，《宋高僧传》有传，曾作诗偈 300 多首，惜散佚，《全唐诗补编》收其存诗 4 首，其生平事迹有待发掘研究；唐五代著名弥勒化身布袋和尚，《全唐诗补编》收其诗偈24 首；唐五代高僧延寿智觉（904—975），住持雪窦寺 9 年，后奉旨住杭州永明寺，又称永明延寿大师，其著作佛教经典《宗镜录》影响深远，系阿弥陀佛之化身；南宋奉化高僧大川普济，系《五灯会元》编纂者。雪窦寺出了大批高僧，如北宋雪窦重显禅师、南宋著名高僧无准师范、明代雪窦寺中兴之师石奇通云禅师、民国"四大高僧"之一太虚大师等，均与茶事相关，下文有专文介绍。

第一章

雪窦山·雪窦水·雪窦寺

奉化形胜，以雪窦山为最。雪窦山系国家森林公园，国家 AAAAA 级旅游景区，浙江省文化传承生态保护区，被誉为"四明第一山"，雪窦寺系中国五大佛教名山之一的弥勒佛道场。

雪窦山属四明山支脉，最高海拔 915 米，景区从溪口至余姚，横贯数十公里，有"海上蓬莱，陆上天台"之美誉。风景名胜区全境 85.3 平方公里，风景区范围 54.8 平方公里。景区以雪窦古刹和千丈岩瀑布为中心，东有五雷、桫椤、东翠诸峰，西有屏风山，南有天马、翠峦，西南有象鼻峰、石笋峰、乳峰，中间是一片开阔的平地，阡陌纵横，山水秀丽，气候宜人，著名景点有千丈岩飞瀑、妙高台、徐凫岩峭壁、商量岗林海、三隐潭瀑布等。

雪窦山之名，系主峰乳峰下面有一石洞，洞内喷出的泉水，如乳如雪，称雪窦或乳窦，名称由此而来。

雪窦山誉称"四明第一山"。民国十六年（1927）八月，蒋介石第一次下野，来雪窦寺拜佛求签，抽到"飞龙升天，腾骧在望"之上上签，大喜过望，在雪窦寺住 11 天，应方丈朗清之邀欣然题写"四明第一山"，今挂于雪窦寺山门。

古往今来，不少名人大家为雪窦山题咏诗文。中国文化全才、北宋大文豪苏轼，非常向往雪窦山，虽无缘到访，却留下"二诗一感叹"。其中二诗一为七律《再和并答杨次公》，其中有"高怀却有云门兴，好句真传雪窦风"；二为七律《过圆通寺》，其中有"此生初饮庐山水，他日徒参雪窦禅"；一感叹则为"不到雪

🍃蒋介石题"四明第一山"

窦为平生大恨"！

苏轼非常尊崇雪窦重显等前辈高僧，尤其是雪窦重显《颂古一百则》，极具文学和禅学价值。笔者理解，苏轼诗中所谓"雪窦风"，当是雪窦山、水、寺、茶、禅之总和。

🍃雪窦山山门

现代鄞县籍地理学家、历史学家张其昀（1901—1985），赞赏雪窦山兼有天台山之雄伟，雁荡山之奇秀，天目山之苍润。

晚唐著名诗人兼资深茶人皮日休（约838—883）、陆龟蒙（？—约881），常有唱和，并称皮陆。曾分别吟咏五言诗《茶中杂咏》十题，与奉化相关的则有五言诗《四明山九题》，分别为《石窗》《过云》《云南》《云北》《鹿亭》《樊榭》《潺湲洞》《青棂子》《鞠猴》。

由陆龟蒙先赋《四明山九题并序》，其中《过云》《云南》《鞠猴》三处景点在奉化境内。

● 陆龟蒙画像

第二题《过云》云：

> 相访一程云，云深路仅分。啸台随日辨，樵斧带风闻。
>
> 晓著衣全湿，寒冲酒不醺。几回归思静，仿佛见苏君。

诗中过云为地名，古称"二十里云"，从雪窦山雪窦寺西行，经东岙、徐凫岩到今余姚市唐田一线约20里长的岗岭，通往四明山腹地，常年云雾缭绕，以"山中有云不绝者二十里"而得名，称为过云。当为古代文人雅士所取优美、浪漫地名之一。岭上春有樱花秋有红枫，一年四季山花烂漫。今已通公路，被当地誉为最美公路。"苏君"即汉末湖南郴县人苏耽。《神仙传》记载："苏仙公纵身入云而去，后有白鹤来，止城楼上……"正可谓："廿里山岭美如画，时有漫天白云来。"

第三题《云南》云：

> 云南更有溪，丹砾尽无泥。药有巴賨卖，枝多越鸟啼。
>
> 夜清先月午，秋近少岚迷。若得山颜住，芝篁手自携。

云南亦为地名，在过云之南，即雪窦山桃花坑山之下。旧时其地曰云南里。巴賨：古代巴人或巴人所交纳的赋税。芝篷：用香草和竹编制盛酒菜的竹筐。

第九题《鞠猴》云：

> 何事鞠猴名，先封在四明。但为连臂饮，不作断肠声。
>
> 野蔓垂缨细，寒泉佩玉清。满林游宦子，谁为作君卿。

"鞠猴"即徐凫岩，在雪窦寺西侧。因岩顶巨石横空突出，远观如猴鞠躬而故名。古有"鞠侯岩"三字镌于岩壁。游宦子：指游人。君卿：指公侯家之上客。

收到陆龟蒙《四明山九题并序》后，皮日休作和诗《奉和鲁望四明山九题》。

皮氏和诗《过云》云：

皮日休

○皮日休画像

> 粉洞二十里，当中幽客行。
>
> 片时迷鹿迹，寸步隔人声。
>
> 以杖探虚翠，将襟惹薄明。
>
> 经时未过得，恐是入层城。

其中"粉洞"誉二十里过云之美，"幽客"指隐居高士。

皮氏和诗《云南》云：

> 云南背一川，无雁到峰前。墟里生红药，人家发白泉。
>
> 儿童皆似古，婚嫁尽如仙。共作真官户，无由税石田。

其中"儿童皆似古，婚嫁尽如仙"句，极言当地儿童、新郎新娘衣饰、风俗之美。

皮氏和诗《鞠猴》云：

> 堪羡鞠猴国，碧岩千万重。烟萝为印绶，云壑是堤封。
>
> 泉遣狙公护，果教猱子供。尔徒如不死，应得蹑玄踪。

其中"烟萝"指草树茂密，烟聚萝缠；"狙""猱"均为猴子同类猕猴。

据记载，陆、皮《四明山九题并序》，是陆龟蒙听取四明山道士谢遗尘口述而作。惜他们未到四明、雪窦二山，否则当留下优美茶句。

今日过云一带美景

雪窦山多溪流、飞瀑、泉水、深潭，著名的有千丈岩瀑布、徐凫岩瀑布、三隐潭瀑布、鸳鸯瀑等。

其中千丈岩瀑布位于雪窦寺前。崇岩壁立，高千仞，故名千丈岩。有水流自千丈岩顶泻下成瀑，喷薄如雪崩。瀑高 186 米，飞珠溅玉，五彩纷呈，蔚为壮观。王安石曾经赋诗赞美千丈岩："拔地万重青嶂立，悬空千丈素流分。共看玉女机丝挂，映日还成五色文。"旧有飞雪亭，后圮。今亭为 1986 年重建，另有观瀑桥。

徐凫岩瀑布距雪窦寺西北 7.5 公里。重岩峭壁，岩顶海拔 476 米，瀑布高 142 米。崖口一巨石外突，传说为仙人骑凫徐徐升天处，故名。又远望酷似巨猴倚天而鞠，故称鞠猴岩。宋《宝庆四明志》记载，绝壁原凿有"鞠猴岩"三大字，或为唐人所刻。今新刻"徐凫溅雪"四个大字。涧水澄白，源自跻蹉岭，过

谷穿林，至此湍急奔突，循崖而泻，大雨后声若雷霆，震撼山谷。临崖俯视，万丈深渊，心寒股栗。崖下白雾蒸腾，飞珠舞玉。底下有潭，树枝拍击水面，雄奇壮观。明奉化人楼则中诗云："一片悬崖势插天，昔人曾道此登仙；凫飞赤舄凌云汉，鹤载瑶笙度紫烟。"今建有观瀑亭、步云梯、玻璃天桥等。

● "悬空千丈素流分"——千丈岩瀑布

三隐潭是由一道三叠瀑布冲积而成的三池碧水，分别称上隐潭、中隐潭和下隐潭。北宋诗人梅尧臣有诗赞云："山头出飞瀑，落落鸣寒玉；再落至山腰，三落至山足；欲引煮春山，僧房架刳竹。"

曾任奉化县令的明代贤官，以节气、诗文著称的徐献忠，曾在论水专著《水品》中，点赞隐潭水，详见后文专稿。

此外，雪窦山还有鸳鸯瀑、聚财瀑，以及诸多未命名之大小瀑布以及溪瀑，美不胜收。

雪窦寺位于雪窦山中心，四面环山，

● 徐凫溅雪——徐凫岩瀑布

两流合汇，九个山峰犹如"九龙抢珠"，环境胜绝。创于晋、兴于唐、盛于宋。西晋惠帝元年（291）开山，有尼姑在雪窦山结庐修行，初名"瀑布院"，已有 1700 多年历史。唐会昌元年（841）迁址至今，景福元年（892）常通禅师住持，建精舍讲经布道，成十方禅院，千年不改宗风。北宋咸平二年（999），真宗敕赐"雪窦资圣禅寺"寺额。南宋宁宗时，评定天下寺院"五山十刹"等级，雪窦列为"十刹"之一。宋理宗赵昀御书"应梦名山"，遂有"应梦道场"之盛誉。雪窦寺历经五毁五

雪窦山瀑布

建，"文革"期间遭拆毁，仅存东厢房。现存建筑为 1985 年之后逐步重建。

鸳鸯瀑

岩头村溪瀑

据不完全统计，有宋一代，先后有七任皇帝九次封题或赏赐雪窦寺，其中包括"应梦名山"题额，可谓影响巨大。

简介如下：

淳化三年（902），太宗赵炅遣使赐赏经籍及《宗镜录》，雪窦寺始建藏经楼；次年又赐石刻御书二部。

咸平二年（999），真宗赵恒赐名并题书"雪窦资圣禅寺"寺额；真宗大中祥符三年（1010），又赐祥符金宝牌、命服、住持师号。

景祐四年（1037），宋仁宗梦游"八极之表"，醒来之后，深为梦中美景所吸引，遂派人到全国各地摹画天下名山进呈，供其对照。当其看到雪窦山"双流效奇，珠林挺秀"之景观，立刻眼前一亮，认定雪窦山即为其梦境所见的"八极之表"。龙颜大悦，即下敕谕一道（见后文）。

元符元年（1098），哲宗赵煦赐号布袋和尚为"定应大师"。

乾道元年（1165），孝宗赵昚敕铸雪窦寺大钟，以警晨昏。

嘉定年间（1208—1224），评定天下禅院"五山十刹"，雪窦寺名列十刹之五。

今日雪窦寺全景

弥勒大佛

淳祐五年（1245），理宗赵昀为雪窦寺赐额"应梦名山"；景定二年（1261），理宗赵昀为第 40 任住持偃溪广闻赐号"佛智禅师"。

赵朴初书：雪窦资圣禅寺

⚘俞德明书：晋代古刹

民国二十一年（1932），民国"四大高僧"之一太虚大师，应蒋介石邀请，出任方丈，其精研弥勒唯识学，致力于雪窦弥勒应迹道场建设，首次提出在原有四大佛教名山的基础上，将雪窦山建设成为中国佛教第五大名山。1987年10月21日，中国佛教协会会长赵朴初视察雪窦寺修复工程，建言雪窦寺是弥勒应化之地，佛殿建筑应有别于其他寺院，可独建弥勒殿，以彰显弥勒道场和雪窦名山。其认同五大佛教名山之说。

今日雪窦寺建筑群包括大慈佛国建筑群、太虚讲寺建筑群、华林讲寺（浙江佛学院雪窦山弥勒佛学院）、水涧岩精舍、瀑布院、药师殿、祖师塔院、光德塔院等。

宏伟壮观的雪窦寺露天弥勒大佛造像，2006年12月29日奠基，定名为"人间弥勒"；2008年11月8日竣工开光，总高度为56.74米，其中铜制佛身33米、莲花座9米、基座14.74米，大佛用500多吨锡青铜制造，内部由1000余吨钢架支撑。气势非凡，是全球最高的坐姿铜制弥勒大佛造像。

除了露天弥勒大佛，雪窦寺弥勒殿还有翡翠弥勒。这尊翡翠弥勒佛像重2.48吨、高1.22米、宽1.32米、厚0.6米，称全球第一大翡翠弥勒佛像当之无愧。

雪窦寺弥勒殿重 2.48 吨翡翠弥勒

2008 年由北京一位公司总经理，从缅甸采购重达 8 吨的翡翠原石，经过一年多精雕细刻，于 2010 年夏天送达雪窦寺，成为弥勒殿的镇殿之宝。

雪窦寺目前正在全力打造第五佛教名山，附属寺院已有永平资国教寺、报国寺（浙江佛学院）、竹林寺、东翠寺、法华寺、奉慈禅寺、文殊院、资福律寺、弥勒圣坛、万寿寺、净慈寺、报本寺、金竹庵、摩诃殿、清风禅寺。

其中永平资国教寺，距离雪窦寺、商量岗、三隐潭等大约 10 分钟车程，是名山建设中上雪窦核心寺院。据《宝庆四明志》载，唐元和十四年（819），初名护国院，咸通八年（867），改奉国院，宋治平二年（1065），更名奉慈资国寺，归入雪窦，始有"上雪窦"之称。

一般认为，佛教自东汉永平年间（58—75）由印度传入中国，并寓"永享太平"之意，永为"助国宣化"之地，因此命名"永平资国教寺"。该寺 2015 年开始重建，占地面积约 110 亩，建筑面积 13680 平方米，主轴线包括山门殿、天王殿、大慈普光明殿、弥勒楼阁、藏经楼，另有钟鼓楼、伽蓝殿、祖师殿、延生堂、大觉堂等主要殿堂，并建有 3 座寮房院，共 48 间寮房，另有 3 处面壁居、静修居、禅修楼共 40 间寮房，由此形成一座结构完整的庄严道场。

2016 年 11 月竣工的报国寺，即浙江佛学院（总部），系浙江省佛教协会主办，宁波市、雪窦山、奉化区佛教协会共同承办，为 4 年制全国性汉语系高级佛

上雪窦——永平资国教寺全景

教院校，以"专业佛教化、生活丛林化、管理规范化、教育现代化"的四化方针为准则，以培养"爱国爱教，信仰虔诚，德才兼备"的合格僧才为目标。

新校区占地面积235亩，建筑面积5万平方米，由四院两中心组成，即弥勒学院、丛林管理学院、居士教育学院、研究生院和弥勒文化（太虚思想）研究中心、两岸佛教交流中心。

报本寺——浙江佛学院（总部）全景

古代篇

第二章

唐、五代茶事寻踪

在奉化博物馆和一些民间收藏家手中，有很多战国至唐、宋时期出土的茶器茶具，前文已写到下王渡遗址以及奉化出土的战国时期陶杯、西晋越窑青釉瓷盏等类似茶器具。

另一处出土的盏口残破南朝越窑青釉瓷盏，青黄剔透，色泽柔和，赏心悦目，可茶可酒。

🍃奉化出土的南朝越窑青釉瓷盏（奉化博物馆藏）

唐代以后出土的各类茶器具更多，说明至少唐代在士大夫阶层以及民间，已有盛行饮茶的习俗。这些出土文物中较有代表性的，有奉化博物馆藏唐代越窑青瓷釉花口盏，造型小巧，呈五瓣花瓣由下而上展开，工艺精湛，做工精细，青绿釉色，附有托底，人见人爱。

🌿唐代越窑青瓷釉花口盏（奉化博物馆藏）

另一件代表作为奉化博物馆藏五代越窑青瓷瓜菱形执壶，瓜菱造型奇巧，较为鲜见；灰黄釉色光鲜亮丽，与常见青黄色釉色相较，别具一格。

🌿五代越窑青瓷瓜菱形执壶（奉化博物馆藏）

不说文物价值，即使在今天，这些精美茶器具亦属上上品，从中可了解到古人当时饮茶之讲究。

中唐湖州著名诗僧皎然（704—785），作有著名茶诗《饮茶歌诮崔石使君》，为"茶道"名词出典处：

> 越人遗我剡溪茗，采得金牙爨金鼎。
>
> 素瓷雪色缥沫香，何似诸仙琼蕊浆。
>
> 一饮涤昏寐，情来朗爽满天地。
>
> 再饮清我神，忽如飞雨洒轻尘。
>
> 三饮便得道，何须苦心破烦恼。
>
> 此物清高世莫知，世人饮酒多自欺。
>
> 愁看毕卓瓮间夜，笑向陶潜篱下时。
>
> 崔侯啜之意不已，狂歌一曲惊人耳。
>
> 孰知茶道全尔真，唯有丹丘得如此。

🍵 皎然画像

其中开句"剡溪茗"一般认为古剡县（今嵊州、新昌）今嵊州之剡溪，但浙江省内有两条溪流名字都叫剡溪，都有"剡溪九曲"胜景，两溪的分水岭称为剡界岭。除了嵊州剡溪，从剡界岭往奉化方向之水，亦称剡溪，通常称为奉化剡溪，沿溪有六诏、跸驻、两湖、白坑、三石、茅渚、斑溪、高岙、公棠九处风光，也称为"剡溪九曲"胜景。出溪口，称剡江，在江口与县江相汇为奉化江，再入甬江而奔东海。奉化剡溪流域，亦为古代著名的剡纸产地之一。

剡溪源头原有剡源乡，今属溪口镇。剡溪流域是传统茶产区，历史悠久，名人高僧辈出，其中一曲六诏为王羲之隐居地，晋穆帝仰慕王羲之名声，六次下诏王羲之返朝为官不就，因而命名；六诏村还是《五灯会元》编纂者大川普济故里，宋元间奉化文坛双子星陈著、戴表元故里也在这一带。还有晚唐、五代本土高僧宗亮、弥勒化身布袋和尚，下文均有专文介绍。

由于皎然茶诗未写具体地名、人名，只是笼统写出"越人遗我剡溪茗"，而明州在唐代开元年间才析越州置，唐宋时代，很多诗人因习惯使然或诗韵关系，仍将明州统称为越州或越人。第二句"素瓷雪色"一般指越窑青瓷，而越窑青瓷中心在原越州后宁波之余姚上林湖，今已划归慈溪市，奉化亦为越窑青瓷产地之一，上文已写到，最早出土的越窑青瓷，可追溯到战国时代、西晋时代。

鉴于皎然笔下"剡溪茗"未见确切产地，综合这些因素，奉化剡溪亦可作为考据选项之一，笔者特提出供学界备考。

王羲之隐居地、大川普济故里六诏村，今为宁波市历史文化名村，浙江省 3A 级景区村庄

奉化系"浙东唐诗之路"支线之一，多位著名诗人留有题诗。虽然未见涉茶诗作，但写到了飞瀑、泉水、古寺、禅意，亦有著名茶人皮日休、陆龟蒙留下组诗，相信他们是边饮茶边作诗的。

晚唐睦州（今浙江淳安）籍著名处士诗人方干，与奉化有缘，擅长律诗，清润小巧，且多警句。其先后为雪窦禅师、雪窦寺、岳林寺、宗亮题诗五首，殊为难得，为已见唐代留诗奉化最多之诗人。

其一为五律《游雪窦寺》：

> 绝顶空王宅，春风满薜萝。地高春色晚，天近日光多。
>
> 流水随寒玉，遥峰拥翠波。前山有丹凤，云外一声过。

诗人春天到雪窦寺旅游，惊讶寺院辉煌如王宅。高山春晚，流水尚寒，看到前山有美如丹凤之锦鸡类祥鸟飞起鸣叫，心情欣喜愉悦。

其二为五律《登雪窦僧家》（一作《书窦云禅者壁》）：

> 登寺寻盘道，人烟远更微。石窗秋见海，山霭暮侵衣。
>
> 众木随僧老，高泉尽日飞。谁能厌轩冕，来此便忘机。

该诗描写雪窦寺人烟罕至，环境清幽，森林茂盛，泉水淙淙，适宜修行。要是能暂时放下红尘富贵，到此禅修，便能淡泊清净，忘却世俗烦恼。

其三为《题雪窦禅师壁》（一作《赠雪窦峰禅师》）：

> 飞泉溅禅石，瓶注亦生苔。海上山不浅，天边人自来。
>
> 长年随桧柏，独夜任风雷。猎者闻疏磬，知师入定回。

雷雨之夜，禅师正在修行禅定，诗人于禅师壁上构思题诗。禅师法号未详，副题作峰禅师。其中开句"飞泉"为常见景致，"禅石"之说古代较为少见，或仅见于本诗，或因雪窦山、寺独特环境，亦因诗韵平仄关系，为诗人所独创。末句写到晚钟已起，禅师将结束禅定。

三首五言诗中，两首为禅师所题，流露出隐士诗人对禅修生活之向往，诗中亦自有禅意。

其四为五律《游岳林寺》：

> 投闲犹自喜，古刹剡东寻。祇树随僧老，龙溪绕岸深。
> 楼高春色晚，天近日光阴。共笑家声旧，何时解盍簪。

岳林寺位于城区，在剡溪之东，故称"剡东"，这说明唐代亦将奉化作为剡地之一。"祇树"为佛教术语，原指古印度祇陀太子与给孤独长者两人合力所盖的讲堂，即佛经中的"祇树给孤独园"，简称"祇树"或"祇园"。"盍簪"指士人聚会或朋友。

其五为七律赞宗亮诗。

方干诗友崔道融［880（前）—907］，亦作有《雪窦禅师》云：

> 雪窦峰前一派悬，
> 雪窦五月无炎天。
> 客尘半日洗欲尽，
> 师到白头林下禅。

🍃 方干画像

该诗描写雪窦山山高气温低，即使初夏五月，依然清凉怡人。这里独特的云水雾气，沁人心脾，宾客到此仅需半日左右，便觉心旷神怡，身心舒坦。大多禅师则在此地终生修行，林下悟禅。

有人将此雪窦禅师解读为北宋雪窦寺高僧雪窦重显（980—1052），从二人生卒年看，显然是错误的，二人相差100多年。其实雪窦禅师或为实指，多为虚指，未写法号的，后世便无法知晓，而凡是曾经在该寺挂锡修行的，均可称雪窦禅师。

据说，八仙之一、爱茶人吕洞宾也是云游过雪窦山的，其曾去与奉化相邻的金峨寺拜访百丈大师，作有《题四明金鹅寺壁》，末句写到"相思忆上妙高台，雪晴海阔千峰晓"，大意为忆想雪后雪窦山，拂晓时千峰素裹，如壮阔大海，难以忘怀。这说明了他对雪窦山的印象之深。

奉化高僧辈出，已知晚唐奉化首位本土知名高僧宗亮，俗姓冯。家傍月山而居，又称月僧。唐文宗开成（836—840）中出家。会昌之难时，隐居深山岩洞。大中（847—860）再造国宁寺，任住持。撰《岳林寺碑》，参与编著《四明郡才名志》，作诗偈300多首，惜已散佚。中华书局1992年出版的《全唐诗补编》，根据《四明它山水利备览》《四明丛书三集》《明州阿育王山志》等文献，收其《它山歌》《灵鳗井》诗偈四首。

其七绝《它山堰》云：

> 截断寒流迭石基，海潮从此作回期。
>
> 行人自老青山路，涧急水声无绝时。

从仅存的《它山堰》《它山歌》等诗歌来看，说明其至少是重视与茶文化相关之水文化的，或许其300多首散佚诗偈中，有涉茶诗作，甚为遗憾。

宗亮与著名诗僧罗隐等友善。方干曾作七绝《贻亮人上》赞宗亮云：

> 秋水一泓常见底，涧松千尺不生枝。
>
> 人间学佛知多少，净尽心花只有师。

诗人以朴素的语言，对宗亮专心佛学做了至高褒奖。

晚唐五代，奉化出了第一位高僧布袋和尚契此，后化身弥勒大佛，当代雪窦寺为其铸造了33米金身，并正在用心打造第五大佛教名山弥勒道场。

布袋和尚富有传奇色彩，以下特作专稿介绍。

"若遇当行家　唤醒吃茶去"

——弥勒佛化身布袋和尚之茶事传说

靠布袋作梦，有甚惺惺处。

若遇当行家，唤醒吃茶去。

　　这是南宋高僧智朋诗偈《布袋和尚赞三首》之二，大意为弥勒之化身契此即布袋和尚，四处游荡，累了休息，似睡非睡，遇茶吃茶，遇饭吃饭。如有爱茶行家，不妨唤醒其一起吃茶去。

　　智朋，号介石，生平未详。理宗绍定二年（1229）始，先后住温州雁荡山罗汉寺、临安府平山佛日净慧寺、净慈报恩光孝寺、庆元府大梅山保福寺、香山孝慈真应寺、安吉州柏山崇恩资寿寺等多家寺院。为南岳下十八世，浙翁琰法嗣。有《介石智朋禅师语录》一卷，收入《续藏经》。与同时代明州高僧智朋同法号。

　　当代奉化一些作者，曾写到布袋和尚茶文化传说或故事，其与茶事是否相关，且待本文慢慢道来。

　　契此，唐末五代奉化籍传奇高僧，自称契此，俗姓李，又号长汀子。长汀（今奉化区锦屏街道长汀村）人。据宋代以后多种佛教文献记载，其笑口常开，蹙额大腹，经常佯狂疯癫，出语无定，随处寝卧。常拴着或用杖挑一布袋入市，见物就乞，别人供养的东西统统放进布袋，却从来没有人见他把东西倒出来，那布袋又是空的，俗称布袋和尚，世传其为弥勒菩萨之化身。

　　写作本文前，笔者曾与奉化文化人士交流，认为布袋和尚契此仅为传说人

🍃现存最早的北宋《弥勒菩萨图》纸本版画残本，高文进绘于太平兴国九年
（984）十月，四明僧知礼雕版刊印（日本京都清凉寺藏）

图右上：高文进待诏画。图左上：越州僧知礼雕。图中右：云离兜率，月满婆婆。
稽首拜手，惟阿逸多。图中左：甲申岁十月丁丑朔十五日辛卯雕印，普施永充供养。
图中的弥勒菩萨类似观世音，呈女性形象。

物，尤其是化身为弥勒之后，纯属神话，是否真有其人值得怀疑。笔者持同样态度。通过梳理多种唐、宋文献，难得发现其留有 24 首诗偈，曾与其晚年同游的居士蒋宗简作有颂诗，宋元时代则有多种文献记载其事迹，尤其是宋徽宗崇宁（1102—1106）中赐号定应大师，这是奉化佛教史上之大事，始信其为真实人物。并在已知其有卒年、忌日（917 年三月初三）的基础上，首次考据出其生年与生辰（820 年二月初八）。其相关事迹有待进一步认真发掘研究。

特以年代为序，将相关文献择要简介如下。

《全唐诗补编》收契此 24 首诗偈，
同游蒋宗简作有《颂布袋和尚》

《全唐诗补编》卷六，从《宗镜录》《景德传灯录》《五灯会元》《明州岳林寺志》等文献中，首次收集契此 24 首诗偈，其中多首富有人生哲理、禅理和佛学造诣。

该书附有契此简介云：

契此，即布袋和尚，在明州奉化县。未详氏族，自称名契此。出语无定，寝卧随处，常以杖荷一布囊，凡供身之具，尽贮囊中。入肆聚落，见物则乞，时号长汀子布袋师。贞明三年三月卒。诗二十四首。（《全唐诗》无契此诗）

契此最著名的诗偈为《临灭偈》：

弥勒真弥勒，分身百千亿。时时示时人，时人终不识。

比较著名的还有《插秧偈》（注：以下偈名均为笔者所加）：

手捏青苗种福田，低头便见水中天。

六根清净方成稻，退步原来是向前。

该诗偈以常见农民插秧作比，揭示有时后退即为前进之人生哲理，广为传播。

《布袋偈》云：

> 我有一布袋，虚空无挂碍。展开遍十方，入时观自在。

《一钵偈》云：

> 一钵千家饭，孤身万里游。青目睹人少，问路白云头。

此二偈描写了作者以一袋一钵，孤身千里，游方各地，逍遥自在之云游生涯和人生态度。

南宋文学家岳珂（1183—1243）作有著名的《布袋和尚颂》，与上述二偈意境颇为契合：

> 行也布袋，坐也布袋。
>
> 放下布袋，多少自在。

契此《宽肚偈》云：

> 是非憎爱世偏多，仔细思量奈我何。
>
> 宽却肚肠须忍辱，豁开心地任从他。
>
> 若逢知己须依分，纵遇冤家也共和。
>
> 若能了此心头事，自然证得六波罗。

● 中华书局 1992 年版《全唐诗补编》书封

该偈揭示须看淡人生，努力修炼，宽宏大量，与人为善，以和为贵。若能做到这些，便是佛教倡导的布施、持戒、忍辱、精进、禅定、般若（智慧）"六波罗蜜"之圆满境界，不管僧俗，均有积极意义。

《急悟偈》云：

> 奔南走北欲何为？百岁光阴顷刻衰。
>
> 自性灵知须急悟，莫教平地陷风雷。

此偈揭示人生苦短，应有自知之明，早日觉悟，修炼智慧，努力避免落入种种陷阱或不测之风险。

《禅思偈》云：

> 关非内外绝中央，禅思宏深体大方。
> 究理穷玄消息尽，更有何法许参详？

此偈流露出作者对禅思、佛法的深度思考，身为高僧，有时亦难免迷茫，不知何法可以究理穷玄。

其他诗偈不作赘述。

🌿晚清时期的奉化岳林寺

《全唐诗补编》卷六还收入曾与契此同游者蒋宗简七言绝句《颂布袋和尚》一首：

> 兜率宫中阿逸多，不离天界降娑婆。
> 相逢为我安心诀，万劫千生一刹那。

其中"兜率"系梵语音译，兜率宫犹言天宫，为欲界六天中之第四天名，分内外二院，内院为弥勒菩萨的净土，外院为天人享乐之地。兜率宫为太上老君所住。"阿逸多"系梵文 Ajita 音译，为佛陀弟子之一。又作阿氏多、阿恃多、阿嗜多、阿夷哆，意译无胜、无能胜或无三毒。古来或以阿逸多即为弥勒，但似另有其人。

这说明，除了契此本人自称为弥勒再世，蒋宗简的《颂布袋和尚》，是最早言及布袋和尚即弥勒化身之文献。

蒋宗简即下文南宋《佛祖统记》记载的蒋摩诃，又名宗霸，字必大，桐城（今属安徽）县人。蒋光之子。梁时明州评事，掌管刑狱案件审理，罢官居于奉化。常念"摩诃般若波罗蜜多"，世呼为摩诃居士。布袋和尚晚年居奉化城内岳林寺，曾与之同游。布袋卒后，其居东湖畔跨山。晚年创办小盘山弥陀寺，并葬于寺旁。

位于蒋氏故居旁、纪念蒋宗简（宗霸）的摩诃殿

蒋介石家族将蒋宗霸尊为溪口蒋氏二世祖，尊称"摩诃太公"。1930 年，蒋介石在离祖宅丰镐房不远的养松园，建造了一座摩诃殿；次年毛福梅出资内供蒋

宗霸塑像，作为女眷拜佛诵经的佛堂，早晚燃烛供香。1989 年由政府拨款修复，1996 年 11 月列为全国重点文物保护单位。今为蒋氏故居附属单位之一。

《宋高僧传》记载契此卒于晚唐天复年间，《景德传灯录》记载其卒于梁贞明三年三月

🌿［宋］赞宁撰《宋高僧传》上下集，中华书局 1987 年版书封

宋、明时代，有多种佛教文献记载释契此事迹。

最早记载释契此的文献，是成书于北宋端拱元年（988），高僧赞宁所著的《宋高僧传》。该书卷二十一《唐明州奉化县契此传》记载：

释契此者，不详氏族，或云四明人也。形裁腲脮，蹙頞皤腹，言语无恒，寝卧随处。常以杖荷布囊入廓肆，见物则乞，至于醯酱鱼菹，才接入口，分少许入囊，号为长汀子布袋师也。曾于雪中卧，而身上无雪，人以此奇之。有偈云"弥勒真弥勒，时人皆不识"等句。人言慈氏垂迹也。又于大桥上立，或问："和尚在此何为？"曰："我在此觅人。"常就人乞啜，其店则物售。袋囊中皆百一供身具也。示人吉凶，必现相表兆。亢阳，即曳高齿木屐，市桥上竖膝而眠。水潦，

则系湿草屦。人以此验知。以天复中终于奉川，乡邑共埋之。后有他州见此公，亦荷布袋行。江浙之间多图画其像焉。

　　该传大致意思为：唐代奉化契此，家族姓氏不详，有人说是四明人。其形体肥胖，额头前突，大腹便便，说话无常理，睡卧很随意。常用禅杖扛着布袋到集市，见到东西就要，至于各种酱料、咸鱼与腌菜，拿来就吃，留一点放入布袋，号称为长汀子布袋和尚。当时曾流传"弥勒真弥勒，时人皆不识"等偈语，人们都说这是弥勒佛垂迹于世。其曾站立于大桥上，有人问他做什么？答曰在此找人。所带布袋装有许多供身之具；示人吉凶，必现相表征。晴天常穿一高跟木屐，在市桥上竖膝而眠；下雨则穿湿草鞋。人们有时以此来预见天气。天复年间终于奉川，乡邻把他埋葬之后，又有人在外地遇见此公，同样以杖挑一布袋四处游化。江浙一带有其多种画像。

　　文中"天复"为晚唐年号，共 4 年，901—904 年，"天复中"应为 902 年或 903 年。

　　明成祖（1403—1424）时，无名氏撰《神僧传》卷九《布袋和尚契此》，记载大同小异。

🍵北宋高僧道原编纂的《景德传灯录》古本书影

北宋高僧道原，于宋真宗景德年间（1004—1007）编纂的《景德传灯录》，第二十七卷记有《布袋和尚》：

　　明州奉化县布袋和尚者，未详氏族，自称名契此。形裁猥脞蹙额皤腹，出语无定，寝卧随处。常以杖荷一布囊，凡供身之具尽贮囊中。入廛肆聚落，见物则乞。或醯醢鱼菹才接入口，分少许投囊中。时号长汀子布袋师也。尝雪中卧，雪不沾身，人以此奇之。或就人乞，其货则售。示人吉凶，必应期无忒。天将雨，即著湿草屡途中骤行；遇亢阳，即曳高齿木屐，市桥上竖膝而眠，居民以此验知。

有一僧在师前行。师乃拊僧背一下，僧回头。师曰："乞我一文钱。"曰："道得即与汝一文。"师放下布囊，叉手而立。白鹿和尚问："如何是布袋。"师便放下布袋。又问："如何是布袋下事。"师负之而去。

先保福和尚问："如何是佛法大意。"师放下布袋叉手。保福曰："为只如此，为更有向上事。"师负之而去。

师在街衢立。有僧问："和尚在这里作什么？"师曰："等个人。"曰："来也来也。"归宗柔和尚别云："归去来。"师曰："汝不是这个人。"曰："如何是这个人。"师曰："乞我一文钱。"

师有歌曰："只个心心心是佛。十方世界最灵物。纵横妙用可怜生。一切不如心真实。腾腾自在无所为。闲闲究竟出家儿。若睹目前真大道。不见纤毫也大奇。万法何殊心何异。何劳更用寻经义。心王本自绝多知。智者只明无学地。非凡非圣复若乎。不强分别圣情孤。无价心珠本圆净。凡是异相妄空呼。人能弘道道分明。无量清高称道情。携锡若登故国路。莫愁诸处不闻声。"又有偈曰："一钵千家饭，孤身万里游。青目睹人少，问路白云头。"

梁贞明三年丙子三月。师将示灭。于岳林寺东廊下端坐磐石。而说偈曰："弥勒真弥勒，分身千百亿。时时示时人，时人自不识。"偈毕安然而化。其后他州有人见师，亦负布袋而行，于是四众竞图其像。今岳林寺大殿东堂全身见存。

梁布袋和尚画像

该传记载契此事迹与《宋高僧传》相似，记有多首诗偈，最重要的是，记载其卒于梁贞明三年（917）三月，这与《宋高僧传》记载"天复中"相差15年。鉴于此传在后，所记忌日与民间相传三月初三相吻合，并有"今岳林寺大殿东堂全身见存"等细节，可以采信。上海古籍出版社1999年版《中国历代人名大辞典》"布袋和尚"条，即将其卒年标为917年。

南宋同乡高僧普济诗载契此生日和寿数，
《五灯会元》记载其卒于梁贞明三年

除了上述二记记有契此大致卒年，笔者还查阅到其契此同乡晚辈、南宋高僧、《五灯会元》编纂者大川普济（1179—1253）的两首诗词，从中可发现其生辰和寿数。

其中记载契此生辰的诗作是《弥勒大士二月八生》：

> 契此老翁无记性，都忘生月与生辰。
>
> 春风桃李能多事，特地年年说向人。

该诗诗题明确契此生辰为农历二月初八。诗中大意为契此老翁记性太差，忘却记下生辰几何，或是无意说与人知，诗人不妨作为好事者，如春风桃李，特地作诗记载让众人知晓。

有人问过笔者，普济此说可信吗？笔者回答是肯定的。作为同乡隔代后辈，前后相距仅 200 多年，当时民间或有人纪念其生辰，被普济记下，因此是可信的。感谢普济记下其生辰，其重要意义还在于，让后人得知其并非传说人物，而是真实人物，至于弥勒化身，无疑是被神化之故。

杭州灵隐寺飞来峰布袋和尚造像

普济还留有两首《布袋赞》诗偈：

其一

南无阿逸多，忙忙走寰宇。

等个人未至，放下宽肠肚。

来也来也，泰岳何曾乏土。

其二

九十七大人之相，百千亿微尘数身。

兜率长汀人不识，抖擞精神一欠伸。

⚘ 南宋梁楷《布袋和尚图》

其二"九十七"应为契此之寿数。如以 917 年倒推 97 岁，其生年应为 820 年。

约成书于淳祐十二年（1252）的《五灯会元》卷二《明州布袋和尚》记载："梁贞明三年丙子三月，师将示灭，于岳林寺东廊下端坐磐石，而说偈曰：'弥勒真弥勒，分身千百亿。时时示时人，时人自不识。'偈毕，安然而化。"

南宋《佛祖统记》记载契此自云姓李

南宋四明东湖高僧志磐，于咸淳五年（1269）撰成《佛祖统记》，卷四十二《四明奉化布袋和尚》云：

四明奉化布袋和尚，于岳林寺东廊坐盘石上而化葬于封山。既葬，复有人见之东阳道中者。嘱云：我误持只履来，可与持归。归而知师亡。众视其穴，唯只履在焉。

师初至不知所从，自称名曰契此。蹙额皤腹，言人吉凶皆验，常以挂杖荷布袋，游化廛市，见物则乞，所得之物悉入袋中。有十六群儿哗逐之，争掣其袋。或于人中打开袋，出钵盂、木履、鱼饭菜肉、瓦石等物。撒下云："看看。"又一一拈起云："者个是甚么？"又以纸包便秽云："者个是弥勒内院底。"

尝在路上立。僧问："作么？"师云："等个人来。"曰："来也。"师于怀取一橘与之。僧拟接，复缩手云："汝不是者个人。"有僧问："如何是祖师西来意？"师放下布袋叉手立。僧云："莫别有在。"师拈起布袋肩上行。因僧前行抚其背。僧回首。师云："与我一钱来。"

尝于涧所示众云："化缘造到不得于此大小二事。"郡人蒋摩诃每与之游。一日同浴于长汀，蒋见师背一眼，抚之曰："汝是佛。"师止之曰："勿说与人。"师常经蒋念摩诃般若波罗蜜，故人间呼为摩诃居士云。

师昔游闽中，有陈居士者，供奉甚勤，问师年几。曰："我此布袋与虚空齐年。"又问其故。曰："我姓李。二月八日生。"

晋天礼（笔者注：历史上无此年号，或为版本翻印之误，与《宋高僧传》《景德传灯录》记载均不相符）初，莆田令王仁于闽中见之。遗一偈云："弥勒真弥勒，分身千百亿。时时示时人，时人俱不识。"

后人有于坟塔之侧，得青瓷净瓶六环锡杖，藏之于寺。

图左、中版画刻本 《释氏源流应化事迹》 图右明成化时期彩绘刻本《释氏源流应化事迹》长汀布袋（美国国会图书馆藏），为刻画十六群儿与布袋和尚嬉闹之场景

该传不同于上述二传，有史料价值的主要有四点：

一是记载契此葬于封山。

二是记载曾有十六群儿与布袋和尚嬉闹，后世据此作有相关绘画。

三是契此到闽中游历时，曾告诉一位友善的陈姓居士，说自己姓李，生于二月初八，这与普济诗偈相吻合。

四是有人在契此的坟边，捡到其曾用过的青瓷净瓶和六环锡杖，于是收藏于寺中。

另有元代天台山国清寺住持无梦沙门昙噩撰《定应大师布袋和尚传》，又简称为《布袋和尚传》《弥勒传》等，全文近三千字，不做赘述。

🌱 2008 年 11 月 8 日，佛身高 33 米、由五百吨青铜铸造的弥勒大佛坐像，在雪窦寺落成，为全球之最

古代奉化周边县域均有早期茶事，
契此诗偈、传记均无茶文化元素

回到本文开头的问题，契此究竟有无茶事记载呢？

奉化出土的文物中，已发现战国、西晋、南北朝、唐代、五代时期，以越窑青瓷为主的多种茶器具，说明很早已有先民饮茶。

古代奉化与周边相邻的余姚、剡县（今嵊州市、新昌县）、鄞县（今宁波市鄞州区）均有早期茶事，如余姚晋代即有虞洪，到四明山瀑布泉岭采茶，遇丹丘子获大茗，故事发生地与雪窦山相邻；南朝时，剡县陈务妻寡居好饮茶，留有茶水祭古坟获好报故事；《茶经》记载鄞县榆荚村产茶。但奉化在宋代之前，尚未在文献中发现茶事记载。

综上所述，契此诗偈以及上文引录的相关传记，均无茶文化元素。目前发现奉化最早的名人茶事为北宋林逋、高僧雪窦重显等名人大家。因此从文献学术意义上来说，契此无茶事记载。但从社会民俗方面来说，一般民间实际饮茶风俗远远早于文献记载，如上文写到，奉化邻县余姚、剡县、鄞县，远在晋代、南朝、唐朝已有茶事记载，奉化作为传统茶产区，茶事风俗与邻县应该不相上下，宋元时代居于溪口茶乡的文学名家"双子星"陈著、戴表元留有种茶诗章，与全国一样，至少在唐代茶风已盛。鉴于这些客观事实，本文开头写到高僧智朋诗记契此茶事顺理成章。今奉化雪窦山茶业有限公司旗下有弥勒禅茶品牌。

🍃奉化南山茶场生产的弥勒禅茶

笔者草成《赞布袋和尚弥勒大佛》云：

> 佛地奉城雪窦风，布袋和尚显神通。
>
> 定应大师徽宗赐，第五名山气势雄。

并作《布袋和尚数字偈》云：

> 生辰二月八，圆寂三月三；
>
> 诗偈二十四，世寿九十七。

第三章

宋、元茶事综述

宋代是奉化历史上茶文化、佛教文化承先启后、继往开来之辉煌时代。其中留下著名茶事茶诗文以及公案的皇帝、名人大家和高僧大德有：北宋仁宗皇帝赵祯认定雪窦山即为其梦游"八极之表"，赏赐物品中包括龙茶二百片；南宋理宗赵昀为纪念先帝梦游雪窦之事，追书"应梦名山"四个大字；北宋奉化本土首位文化名人、著名诗人林逋，留有多首著名茶诗；雪窦寺第7任住持高僧雪窦重显，与二位明州刺史茶诗唱酬；南宋雪窦寺第43任住持无准师范诗偈说茶饭；奉化本土继布袋和尚之后的第二位高僧、《五灯会元》编纂者大川普济，集茶禅公案之大成；宋末元初奉化籍诗文大家"双子星"陈著、戴表元，各有茶诗多首，并有种茶吟诵。这些名人大家之茶事，将在下文专题写出。

北宋大诗人、尚书都官员外郎梅尧臣（1002—1060），与奉化有缘，曾为雪窦山等题诗多首，其中五律《秋半寻岳林寺》写到茶事：

> 杖履信天涯，寻幽遍落花。殿高秋气爽，林静夕阳斜。
>
> 对茗情偏洽，谈玄兴转赊。远公相识好，三笑过金沙。

岳林禅寺位于奉化城北，始建于南朝梁武帝大同二年（536），上文写到布袋和尚曾在此驻锡，并圆寂于该寺。宋真宗大中祥符八年（1015），赐额"大中岳林禅寺"。

诗人于某年仲秋时节游览岳林禅寺，寺院花木繁茂，景色清幽。与寺僧品茗

❖ 宋代出土的建窑黑釉瓷盏（奉化博物馆藏）

论禅，情分融洽，话语投机，气氛相宜，甚为愉快。其中末句引用"远公三笑"典故，说的是东晋慧远法师居庐山东林寺，其处流泉匝寺而下入于溪，每送客过此，即有虎号鸣，因名虎溪，后送客未尝过。独大诗人陶渊明与道教上清派宗师陆修静至，儒释道三教语道契合，不觉过溪，遂相与大笑。岳林禅寺位于龙溪之东，当地附近或有金沙之地名，离别时寺僧依依不舍送至金沙，诗人以此借喻与寺僧惜别之情。

宋代雪窦寺茶事兴盛，筠州新昌（今江西宜丰县）籍高僧慧洪觉范（1071—1128），又名德洪，字觉范，自号寂音，俗姓喻。他是盛名于当时的诗人、散文家、诗论家、僧史家、佛学家。其在《石门洪觉范林间录》卷下记载一则茶事公案云：

悦禅师妙年奇逸，气压诸方。至雪窦，时壮岁与之辩论，雪窦常下之。每会茶，必令特榻于其中，以尊异之。于是，悦首座之声价照映东吴。及悦公出世，道大光耀。有兰上座者，自雪窦法窟来，悦公勘诘之，大惊，且誉于众。相从弥年而后去。前辈之推毂后进，其公如此。初，未尝以云门、临济二其心。今则不然，始以名位惑，卒以宗党胶固，如里巷无知之俗。欲求古圣之道复兴，不亦难哉。

今日岳林禅寺牌匾

其中悦禅师生平未详。

成书于清道光三年（1823）的《百丈丛林清规证义记》卷五"迎待尊宿"举例此公案并附愚庵赞云：

证义曰：此上敬下导。相激扬之礼也。撼古颂云：昔悦禅师至雪窦，齿正壮，辩论奇逸，雪窦常下之茶会，必设榻以尊异，于是声价踊贵。洎悦出世，有兰上座来自雪窦，悦勘之，大惊誉于众，相从弥年而去。前辈不以派异推毂，后进可想见矣。

愚庵赞曰：

> 悦禅牙爪新狮子，雪窦岩前能反掷。
>
> 见贤不敬非礼也，雁翅开筵进香液。
>
> 我鼓瑟兮君抚琴，仁风道望化蛮貉。
>
> 兰公兰香来云峰，雪窦茶筵今反璧。

其中雪窦兰上座生平未详。愚庵赞诗首次写到"雪窦茶筵"。茶筵又称茶宴、茗宴、茶会，多在寺院举办，如径山茶宴，被远传至日本，成为日本茶宴之源。雪窦重显《明觉禅师语录》中，多次记载其到雪窦寺之前，各地以茶筵礼待于他。其在灵隐，经秀州，至越州时，各地皆有茶筵之设，请其升座说法：如师在灵隐，诸院尊宿，茶筵日，众请升座；师到秀州，百万道者备茶筵请升堂；越州檀越备茶筵，请师升座等。重显在雪窦，应当也会经常举办茶筵或茶宴的，惜未留下记载，否则当为难得之茶文化遗产。时至今日，雪窦寺仍可复兴发掘宋代茶文化精华，复兴雪窦茶筵。

愚庵（1311—1378）系元代禅僧智及的法号，临济宗大慧派禅僧。江苏吴县人，俗姓顾，字以中，号愚庵，又称西麓。

宋徽宗赵佶《文会图》，描绘宫廷茶会之乐

宋代高僧释坚璧，号古岩，生平未详。历住雪峰寺、瑞岩寺、雪窦寺。为青原下十五世、石窗法恭禅师法嗣。有《古岩璧禅师语》。其《山居》二首均写到茶事：

其一

瓶盂古涧冷相依，云淡山寒月色微。

眼底宾朋聊自足，屋头猿鸟恰忘机。

山园茶笋疎疎有，世路人情渐渐稀。

不记化权前后际，卷帘移榻看斜晖。

其二

平生湖海竟何依，选得佳山赋式微。

茗碗炉熏同宿学，蒲团禅板接初机。

陂城水满芹尤滑，瓦缽肩挨粥未稀。

睡起乌藤清兴在，不知老木挂残晖。

雪窦寺第 28 任住持、宋代高僧慧晖（1097—1183），号自得，俗姓张，会稽上虞（今绍兴上虞）人。有《自得慧晖禅师语录》六卷。其中有涉茶诗偈二则。

其一为一次上堂说法举例赵州"吃茶去"公案：

赵州问新到："曾到此间么？"曰："曾到。"州曰："吃茶去。"又问僧。僧曰："不曾到。"州曰："吃茶去。"后院主问曰："为甚么曾到也云吃茶去，不曾到也云吃茶去？"州召院主，主应诺。州曰："吃茶去。"

随后作《颂古十九首之一·百尺竿头氎布巾》云：

百尺竿头氎布巾，上头题作酒家春。

相逢不饮空归去，洞里桃花笑杀人。

其中"氎布巾"意为细布面巾，"洞里桃花"意为仙家道人隐居之地。举例茶事，却以酒诗作颂，这是高僧诗偈费解之处。

其二为《偈颂四十一首·小春霜刃》云：

小春霜刃，大家雪机。一堂禅侣，三世节制。

时光可惜，岁花不留。自晨至暮，吃饭饮茶。

道者一个，无得禅心。从生至老，着衣谈笑。

道流半个，莫知自心。

徒劳念情，不识玄旨，苦哉悲矣。

贫道孤老，走年难击。谨劝云众，一生归信。

该偈写于春寒料峭时节。大意为时光易逝，韶华易老，吃饭饮茶乃禅侣日常生活。奉劝得道或尚未得道者，要坚守信念，认真修行，方能成道。

今日雪窦寺鸟瞰

南宋奉化官员、诗人舒璘（1136—1199），字元质，一字元宾，学者称广平先生，广平（今大桥镇舒家村）人。乾道八年（1172）进士，授四明郡学教授，未赴。后任江西转运使干办公事，继为徽州府（今安徽歙县）教授，倡盛学风，丞相留正称为当今第一教官。继任平阳县令，时郡政颇苛，告以县民疾苦，郡守改容而敛。官终宜州通判，卒谥文靖。学宗陆九渊，兼综朱熹、吕祖谦，史称

"淳熙四先生"之一。著有《诗学发微》《广平类稿》《诗礼讲解》等。

其七律《南山寺》写到茶事：

> 山谷幽深锁梵宫，千章灌木郁茏葱。
>
> 香浮古篆半檐雾，茶漱清泉两腋风。
>
> 鹤伴老僧归夕照，山留行客驻霜枫。
>
> 前朝阁阁浑秋草，眺望悽然碧岭中。

南山禅寺位于奉化城区东南五里，今属岳林街道龙潭村南山。南山源于天台山脉，海拔约 266 米。唐咸通五年（864）建，初名吴峰院，宋治平二年（1065）改南山瑞峰院，明洪武（1368—1398）初改南山禅寺。清康熙十四年（1675）重建，甚为兴盛。惜在"文革"时被毁，今寺为 1993 年以后重建。

与寺院同时建造于山顶的瑞峰塔，清嘉庆十二年（1807）由知县彭公募款重建，为多层多檐楼阁式石塔，六角七级，包括腰檐、翘角等，全部用石条刻砌合榫而成。1987 年被奉化市政府列为文物保护单位。该塔与江口甬山寿峰塔南北相对，并峙云天，合称姐妹塔。为奉化城区地标之一。

🌿南山禅寺瑞峰塔

诗人深秋时节游览南山古寺，但见山深谷幽，林木葱茏，雾漫古寺，茶香泉甘，霜染红叶，寺中老衲有仙鹤陪伴，可惜寺院有些老旧，有如秋草荒凉凄然之感。

宋元间奉化官员、学者陈观（1238—1318），字国秀。陈著从弟，小陈著 24 岁。陈观是宋度宗咸淳十年（1274）进士，授临安府新城县尉，重气节，入元隐居不仕。府州争迎致，率诸生以请业，观一至即谢去。著有《棣萼集》《窍蚓集》《嵩里集》。《全宋诗》存诗 8 首，其中有涉茶诗七律《天壶道院》云：

山径崎岖紫翠连，白云深处是壶天。

客来无物供吟笑，旋摘新茶煮石泉。

天壶道院位于何处未详。该诗大意为，道院位于白云深处，山道崎岖，诗人到访，道长无以招待，马上采摘新茶烹煮对饮，诗人印象尤深。

宋元间奉化天宁寺住持云岫（1242—1324），字云外，号方岩，俗姓李，昌国（今舟山）人。其七律《与大知客》写到赵州茶：

❀陈观画像

赵州道个吃茶去，一滴何曾湿口唇。

到此果能相见得，不妨全主更全宾。

据陈著五言律诗《与天宁寺主僧云岫对坐偶成》，得知云岫曾为天宁寺住持。据《光绪奉化县志》记载："天宁庵，县东北五里，俗呼沙泥头庵，光绪二十八年（1902）重建。"此天宁庵当为诗人笔下之天宁寺。

从谂禅师口头禅"吃茶去"，意在感悟、觉悟、顿悟，很多时候并非真正意义上之吃茶。云岫深谙其中哲理，颇有新意。

宋元间奉化文士任士林（1253—1309），字叔实，号松乡。大德间（1297—1307）教谕上虞，后讲道会稽，授徒钱塘。至大元年（1308），中枢左丞郝天挺以事至杭，闻士林名，举之行省，任安定书院山长。不久得疾，卒于杭州客舍。著有《松乡集》。其《短歌行》写到茶事：

道路痴儿长梦饭，我亦时蒙客推挽。

五年浪为安石出，伐树归来布衫短。

博士春风洒墨花，吹我长鬣登前阪。

风高阪峻眼神寒，帖耳依然舐空栈。

作书已报草堂人，日办新茶三百盏。

该诗引用了诸多典故，其中"安石"为东晋谢安之字。末句写到"日办新茶三百盏"，说明诗人挚爱茶饮。

元末江苏兴化著名诗人成廷珪（1289—约1362），字原常，一字原章，又字礼执，兴化（今江苏兴化）人。博学工诗，好学不倦，孝敬母亲，植竹庭院，题匾曰"居竹轩"，因自号"居竹"。晚年遭世乱，避居吴中，卒于华亭，年七十余。著有《成柳庄诗集》《居竹轩集》。其五言诗《送澄上人游浙东》二首之一，写到雪窦茶：

> 浙水东边寺，禅房处处家。千崖无虎豹，二月已莺花。
>
> 晓饭天童笋，春泉雪窦茶。烦询梦堂叟，面壁几年华。

僧人澄上人游方浙东庆元（宁波）等地，诗人作诗相送。"春泉雪窦茶"，说明当时雪窦茶比较有名。"梦堂"即释昙噩（1285—1373）之号，字无梦，慈溪王氏子。自幼聪明好学，少年时即通经史，尤擅于词章。至奉化长芦寺出家，受读天台、贤首、慈恩诸宗之文，昼夜研磨，常常废寝忘食。元叟行端住持灵隐寺，昙噩为掌内记。至元初出主庆元宝圣寺，迁鄞县开寿寺、天台国清寺。

宋元时期，还有多位诗人写到雪窦泉，如江西婺源籍著名诗人汪炎昶（1261—1338），在五言诗《挽毕宰》二首其一云：

> 奥学深探本，亨衢早着鞭。浮云时事改，皦日大名全。
>
> 馥荜霜篱菊，清瓢雪窦泉。善人终不起，犹谓有苍天。

毕宰生平未详，应与奉化或雪窦寺相关。

元代苏州诗人宋无（1260—1340），字子虚，号晞颜，其五言诗《简无功》云：

> 种种念予发，垂垂怀老禅。公卿既无分，巾钵欲随缘。
>
> 布袜云门寺，铜瓶雪窦泉。他年调水秸，鼻孔不烦穿。

元代无锡诗人徐宪，生平未详，其七律《送奉化州判薛仲杰》云：

> 酒阑初上甬东船，春入乾坤已晏然。
>
> 石首迎潮喧海市，麦苗带雨暗畲田。

雪窦山聚财瀑

卷帘晴看扶桑日，退食时分雪窦泉。

引领未为千里隔，政成须使万人传。

薛仲杰生平未详。同时另有司马亨五言六韵《送薛仲杰之奉化州判》，或为无锡人士。

元成宗元贞元年（1295）至明洪武元年（1368），奉化县改称奉化州。元代县级职官，主要设达鲁花赤、知州、同知、判官、吏目五职，判官相当于四把手。县志中未见薛仲杰其名，或有遗漏。

该诗大意为，诗人好友薛仲杰到奉化任州判，春日酒宴后从甬东上船，看到沿岸麦苗苗壮，正值黄鱼旺发，鱼市喧闹，朝发甬上，晚至奉化，著名雪窦泉代指奉化，期待好友多有善政，万民拥戴。

历任宋帝多封赏　特赐龙团二百片

前文写到，据不完全统计，宋代先后有七任皇帝、九次封题或赏赐雪窦寺，其中包括"应梦名山"题额、宋仁宗赏赐龙茶二百片等。

宋仁宗特赐龙茶二百片

景祐四年（1037）十一月廿七日，宋仁宗因梦游"八极之表"之感应，向雪窦寺敕谕一道曰：

> 朕荷祖宗之丕，丕承洪业，未尝不虚怀逸士，仄席幽人。雅闻天台之石梁，近接四明之雪窦，智觉之遗风具存，应真之灵迹俨在。慨想名山，感形梦寐。今遣内侍张履信赍沉香山子一座，龙茶二百片，白金五百两，御服一袭，表朕崇奉之意。监司守臣特免徭役，禁人樵采，每岁诞辰，许于东上阁门进功德疏一道，度僧一员，以奉香火，保国安民，体我休命。

景祐四年（1037）十一月廿七日颁

🍃宋仁宗赵祯画像

敕谕中先是回忆先帝真宗赵恒曾为雪窦资圣禅寺赐额、赐金牌、赐住持师号等。其中提到的智觉禅师即雪窦寺已知第二任住持、晚唐五代著作《宗镜录》之高僧延寿智觉（904—975），又称永明延寿大师。圣旨写到"慨想名山，感形梦寐"，特"遣内侍张履信赍沉香山子一座，龙茶二百片，白金五百两，御服一袭，表朕崇奉之意"。

仁宗在位42年，支持庆历新政而得盛治，性情宽厚，不事奢华，并能约束自己，对待臣僚、侍从宽厚。尤其厚待屡屡犯颜直谏的谏臣包拯，受世人称道，被誉为一代明君。受到仁宗如此赏赐，可见当时雪窦寺与奉化县，是何等之荣耀！

宋帝重茶，宋徽宗著有《大观茶论》，是中国历史上唯一著作茶书之皇帝。赐品中除了沉香假山、白金五百两，另有"龙茶二百片"亦价值不菲。宋代龙茶有大、小之分，据欧阳修《归田录》卷二记载：

茶之品，莫贵于龙凤，谓之团茶。凡八饼重一斤。庆历（1041—1045）中，蔡君谟为福建路转运使，始造小片龙茶以进。其品绝精，谓之小团。凡二十饼重一斤，其价值金二两。然金可有而茶不可得，每因南郊致斋，中书、枢密院各赐一饼，四人分之。宫人往往缕金花于其上，盖其贵重如此。

按敕谕颁发年代，其时蔡君谟即端明殿学士、书法"宋四家"兼著名茶学家蔡襄，尚未造出小龙团茶，可以确认仁宗所赐龙茶应为大龙团茶茶饼。查当时制量，每斤为640克，每饼则为80克。今日奉化不妨开发文创仿古茶饼——雪窦

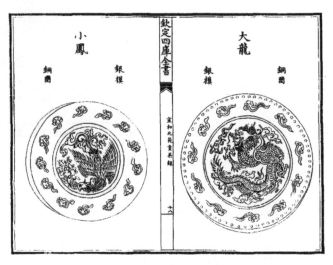

清《四库全书》刊载大龙、小凤团茶棬模图样

寺宋韵龙茶，当会受到市场和消费者欢迎。新创奉化曲毫名茶，形质兼优，消费者多有好评，今为国家农产品地理标志产品。此举对于弘扬当代奉化茶文化与佛教文化大有裨益。

据文献记载，自东晋以后，历代皇帝多有赏赐身边大臣贡茶之传统，以示恩宠；大臣则会赋写诗文表示感谢。如东晋谢宗、唐代柳宗元、刘禹锡等名人大家，均留有《谢茶启》《谢茶表》，或为其他大臣代写《谢茶表》。最著名的属北宋官员、诗人梅尧臣，其七律《和范景仁、王景彝殿中杂题三十八首并次韵》其三云："七物甘香杂蕊茶，浮花泛绿乱於霞。啜之始觉君恩重，休作寻常一等夸。"极写品饮皇帝赏赐贡茶之后的荣耀与感恩。

五代闽至宋元时期，朝廷均在建安北苑（今福建建瓯）建立御焙（供皇家专用），并遣使臣督造贡茶，名冠天下。宋徽宗在《大观茶论》里说："本朝之兴，岁修建溪之贡，龙团凤饼，名冠天下。"从欧阳修笔下，足见龙团凤饼之珍贵。如此茶不厌精，尤其是小龙团茶和凤饼，可以见证统治阶级之奢靡。苏轼曾在《荔枝叹》诗中做过讽喻："武夷溪边粟粒芽，前丁后蔡宠相加；争相买宠出新意，今年斗品充官茶。"其中"粟粒芽"极言茶芽之细，"前丁"即奸臣丁谓，真

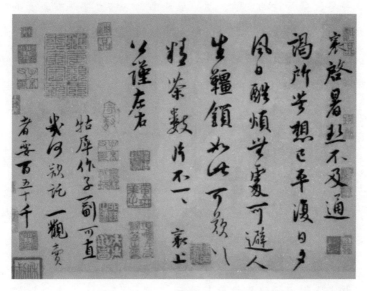

蔡襄《精茶帖》释文："襄启，暑热不及通谒，所苦想已平复。日夕风日酷烦，无处可避。人生缰锁如此，可叹可叹。精茶数片，不一一，襄上。公谨左右……"（藏故宫博物院）

宗成平年间（998—1103）任福建转运使，在建安北苑督造凤团，精品年产不过 40 饼；"后蔡"即蔡襄，在丁谓漕闽 40 多年之后，庆历六年（1046）至八年（1048），任福建转运使，又在北苑督造出小团龙凤茶，大小团茶都是当时极品，除供皇室御用外，仅有少数分赐近臣。

一般皇帝赏赐大臣贡茶仅为一片，以示珍贵。如上文欧阳修所说，4 人仅得一小凤饼 32 克，每人仅 8 克左右。仁宗一次赏赐雪窦寺二百片龙团，足见对该寺之恩宠，敬佛陀之虔诚。惜当时寺里无高僧大德留下相关诗文。

广闻禅师撰写《应梦名山记》

理宗先后三次恩宠雪窦寺，足以说明其与该寺佛缘、因缘之深。如果说赐额"应梦名山"仅为感念先帝之举，那么为偃溪广闻、无准师范二位高僧赐号，说明私交非浅。

理宗赐额"应梦名山"次年，即淳祐六年（1246），雪窦寺第 40 任住持偃溪广闻禅师作《应梦名山记》记述其事：

淳祐五年冬，皇帝亲洒宸翰，题"应梦名山"四大字赐雪窦资圣禅寺。奎壁之光，自天而下。巍巍煌煌，凤翥鸾翔。照映林壑，群目争先快睹。咸曰：德至渥也。臣窃伏惟念，自有宇宙便有此山，发祥阐瑞，端俟昭运。维昔仁皇神曜得道，时格极治，民陶泰和，梦游八极之表，有开必先，双流效奇，珠林挺秀。乃诏召职方士，图天下山川以进，渊览超然，默契圣心，宣赉优隆，且许岁贡寿疏于东上阁门。自是，雪窦之名叠耀不奕。今皇帝御绳祖武，肇开人文。日者旧学元老进读，缉熙之暇，从容奏请，肆笔而成，前徽彰明，下饰万物，遂使穷涯草木，衣被庆云，猗欤盛哉！仁皇帝之心，佛之心也；今皇帝之心，仁皇之心也；前圣后圣，其归一揆，惟佛与佛，乃识其真；可以贺是山之遭矣，猗欤盛哉！臣职汛除，幸对扬天子休命，仰瞻重霄，归美莫报，谨奉宸章而尊阁之，揭户册，移镂乐石，传示万古，以侈两朝殊特之遇。六丁丰隆，呵禁护持，历劫赞扬所不能尽。敬以拓本上御府而纪其荣于下方云。

越明年四月初吉，庆元府雪窦山资圣住持僧广闻惶惧顿首恭题该文大意为感恩仁宗、理宗两任皇帝恩宠雪窦寺。为宣扬和保护理宗题字"传示万古",广闻特在雪窦寺南建造一座"应梦名山御书亭"。亭子屡经毁建,现存为清光绪二十年(1894)所建,石碑正面书"应梦名山",背面刻写《应梦名山记》全文。宋理宗题字和广闻禅师碑文今保存完好,为雪窦山难得的古迹之一。

🦅 应梦名山御书亭及石碑正面,反面为《应梦名山记》全文

偃溪广闻禅师(1189—1263),福建侯官(今福建福州)人,父林氏,母陈氏,家世业儒,15岁出家,18岁受戒,历住香山、万寿、育王、静慈、灵隐、径坞、雪窦七山,淳祐五年(1245)任雪窦寺住持,景定二年(1261)理宗赐号"佛智禅师"。著有《偃溪广闻禅师语录》。

广闻禅师存有诗偈328首,惜无涉茶文字。据不完全检索,其《语录》有涉茶公案四则:

其一云:

复举。沩山在方丈内卧,见仰山入来,沩乃转面向里卧。仰云:"某甲是和尚弟子,不用形迹。"沩作起势,仰便出去。沩召云:"寂子。"仰乃回来。沩云:"听老僧说个梦。"仰低头作听势。沩云:"为我原看。"仰取一盆水、一条手巾来。沩遂洗面了。才坐,香严入来。沩云:"我适来与寂子,作一上神通,不同小小。"

严云:"某甲在下面,了了得知。"沩云:"子试道看。"严乃点一碗茶来。沩叹云:"二子神通,过于鹙子。"

此例举沩山与仰、严禅师机锋对话,仰禅师以一盆水、一条手巾;严禅师则点一碗茶来,破解了沩山机锋。沩山赞赏二子有神通,胜过另一位鹙子禅师。

其二云:

师云:"神仙秘诀,父子不传;沩山带水拖泥,无大人相。"雪窦道:"擎茶度水,不无二子;若是神通,未梦见在。"

此例为广闻与雪窦僧机锋对话。

其三云:

上堂。行棒行喝,好肉剜疮。举古举今,泼人恶水。直饶说得,地摇六震,天雨四花,不如归堂吃茶。

此例说如禅师不朽口德,在法堂举古举今,泼人恶水,吹得天花乱坠,与人无益,不如归堂吃茶。这与当代赵朴初著名茶禅诗意契合:"七碗受至味,一壶得真趣。空持百千偈,不如吃茶去。"

其四云:

上堂。举长庆云:"宁说阿罗汉,有三种毒;不说如来,有二种语。不道如来无语,只是无二种语。"保福云:"如何是如来语?"长庆云:"聋人争得闻。"保福云:"情知你向第二头道去也。"长庆云:"如何是如来语?"保福云:"吃茶去。"

此例举唐代长庆、保福二位禅师,就"如何是如来语"展开机锋对话,最后以"吃茶"止住话头,说明感悟如来佛理,还须吃茶体悟。

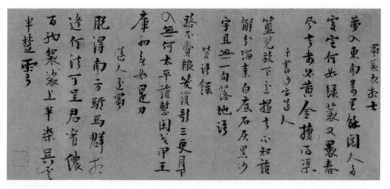

🍃偃溪广闻禅师（1189—1263）行书

偃溪广闻禅师手迹，经日本流转回国。诗偈四首释文：

一、《蜀蓑衣相士》：梦入东南万里余，阅人多处定何如。

绿蓑又裹春风去，未必黄金换得渠。

二、《示书沙字道人》：篮儿放下还提去，不知谁解分缁素。

白底石灰黑沙字，且无一句落地语。

三、《背语录》：路不赍粮笑复歌，三更月下入无何。

太平谁整闲戈甲，王库初无如是刀。

四、《送人还蜀》：脱得南方驴马群，相逢无法可呈君。

看侬百衲袈裟上，半是吴云半楚云。

广闻禅师诗书造诣高深，国内尚未发现其书法手迹。2017 年西泠春拍上有从日本流转回国的其诗偈四首书法手迹，行楷书风优美，殊为难得。

林逋闲对《茶经》忆古人

世称"梅妻鹤子"、写出著名咏梅绝句《山园小梅》的北宋隐士诗人林逋，是奉化本土史上继布袋和尚之后的第二位名人大家，二人都有宋帝封号。如果说布袋和尚是以高僧化身为弥勒菩萨而著称于世，林逋则是以高超的诗词艺术和高雅气节而受世人称道。

茶是林逋仅次于梅、鹤之后的又一心爱之物，诗作之中因此常溢茶香。其存世的300余首诗作中，涉茶的有24首之多，其中《茶》《西湖春日》《尝茶次寄越僧灵皎》等篇不失为著名茶诗。

《光绪奉化县志》记载家世渊源

林逋画像

林逋（967—1028），字君复，奉化黄贤人。少孤力学，青年时代漫游江淮，中年后隐居于杭州西湖，结庐孤山，一生不仕亦不娶，赏梅养鹤，世称"梅妻鹤子"。20年不入城市，学养深厚，性情恬淡，只与高僧诗友往来，每有客至，童子即放鹤高飞，驾舟游于湖上的林逋看见，便棹舟而归。善行书，工于诗。宋真宗闻其名，曾赐粟帛，并赐"和靖处士"；仁宗赐谥"和靖先生"，因此又称林和靖。其诗风格淡远，内容大多反映隐逸生活和闲适心情。诗作大多散佚，存世的《林和靖诗集》，据称仅为其所作"十之一二而已"。

据奉化《黄贤林氏宗谱》记载，林逋生于黄贤，为黄贤林氏二世祖。其族兄将儿子过继给他当养子，伴他终老。仁宗天圣六年（1028）去世，享年61岁。其三兄林环之孙朝散大夫林彰和盈州令林彬，同至钱塘治丧尽礼。其诗作《将归四明夜坐话别任君》《相思令·吴山青》（见下文），都能读出他是四明（宁波）人，但《全宋诗》等古籍记载其为钱塘（今杭州）人，但未见家谱后裔等记载。

关于林逋籍贯黄贤与钱塘之说，笔者从《光绪奉化县志》中找到了答案。该志有如下记载：

林逋，字君复，忠义黄贤人。少孤力学，不为章句，性恬淡好古，弗趋荣利。初，放游江淮间，后隐杭之西湖，结庐孤山，二十年足不及城市。真宗闻其名，赐粟帛，诏长吏，岁时劳问。尝自为墓于其庐侧，临终为诗，有"茂陵他日求遗

位于东海象山港畔的黄贤村，今为国家森林公园，拥有森林一万余亩，系浙江省4A级景区

橐，犹喜曾无封禅书"之句，卒年六十一。州为上闻，仁宗嗟悼，赐谥"和靖先生"。逋善行书，喜为诗。其词澄浃峭拔多奇句，既就橐，随辄弃之。或谓何不录以示后世？逋曰：吾方晦迹林壑，且不欲以诗名一时，况后世乎？然好事者往往窃记之，所传尚三百余篇。逋不娶无子，教兄子宥登进士甲科。

按：崔应榴《摊饭续谭》云：林克己，钱塘人。忠懿王时，官通儒院学士，博洽善文章。宋隐士逋，即其孙也。宋史亦以和靖为钱塘人。今考先生本集，有《将归四明》等作，邑之黄贤又有和靖旧宅，故郡县志皆以先生为奉化人。诸家谓为钱塘人者，殆其先世侨居钱塘，而先生又庐隐孤山故耳。

该志厘清了林逋黄贤与钱塘之关系，其中写到林逋祖父五代十国时林克己，曾任吴越王钱俶通儒院学士，博学善文章，这与杭州相关记载相吻合。《黄贤林氏宗谱》将林逋列为第2世，说明林克己之子已迁居黄贤。县志记载林逋曾教兄弟子林宥，登进士第，林逋有诗《喜侄宥及第》佐证其事："新榜传闻事可惊，单平于尔一何荣。玉阶已忝登高第，金口仍教改旧名。闻喜宴游秋色雅，慈恩题记墨行清。岩扉掩罢无他意，但爇灵芜感盛明。"

☕位于杭州西湖孤山的林和靖处士之墓

　　黄贤林氏后裔还是日本馒头创始人。据相关记载，元至正十年（1350），黄贤林氏第7世林净因东渡日本，在古都奈良经营馒头店，因其品质上乘，日本大将军足利义政曾为其后人题写"日本馒头第一所"。日本食品协会在奈良设有"馒头林神社碑"。1993年以来，林净因第34代后裔、日本林氏馒头继承人川岛英子，已多次到奉化黄贤村寻根问祖，并到杭州祭奠先贤林逋。

诗词为证黄贤人

　　除了《黄贤林氏宗谱》记载，还能从林逋诗作中读到相关信息，如林逋五律《将归四明夜坐话别任君》云：

　　　　酒酣相向坐，别泪湿吟衣。半夜月欲落，千山人忆归。

　　　　乱尘终古在，长瀑倚云飞。明日重携手，前期易得违。

　　这是某年林逋将归家乡黄贤时，与好友任君饮酒话别。其中"归"字点出作者准备回归故乡，如去某地做客或旅游小住，则会用"到""至"等字。诗中"长瀑倚云飞"即指雪窦山千丈岩瀑布。

林逋另有《相思令·惜别》云：

> 吴山青，越山青。两岸青山相送迎，谁知离别情？

> 君泪盈，妾泪盈。罗带同心结未成，江头潮已平。

很多人将这首脍炙人口的小令，以字面意思理解为情诗，以为诗人年轻时有过一段刻骨铭心、至死难忘的爱情。如某网友曾在网上发布题为《宋词里的爱情词之乱弹之二——赏析林逋的〈相思令·惜别〉》的文章称："词以一个女子的口吻，描写了江上送别的场景，全词以景写情，寓情于景，情思缠绵，回环宛转，语短而情长。表现一往情深的爱情之美，表现被迫分离的爱情之痛，正是《相思令·惜别》的主要内容。"

这其实是误读而已。林逋终身未婚，也未见有缠绵悱恻的情事记载，怎么会借女子之口写出如此刻骨铭心的情诗？一些严谨、认真的专家、学者则认为这是研究林逋的未解之谜。如果联系其家乡黄贤之背景，解释这是诗人深深的思乡之情，就顺理成章了——家乡奉化古代属于越州，唐代才另置明州，因为诗韵，以越州代指当时之明州而已。

中唐时期，越州（今绍兴）考生朱庆馀，去京都长安应试。其写了一首七律《闺意》（后改为《近试上张水部》），请当时的著名诗人、官任水部员外郎的张籍赐教：

> 洞房昨夜停红烛，待晓堂前拜舅姑。

> 妆罢低声问夫婿，画眉深浅入时无？

从表面来看，朱诗写的是一位新娘在婚后第一天早起梳洗打扮，按照习俗要向公公、婆婆请安，心里忐忑不安。化妆完毕后悄悄地问丈夫：眼眉画得浓还是淡，是不是时髦？

张籍先是纳闷朱氏为何献上此诗，仔细琢磨后不禁会心发笑，明白这是朱氏前来打听消息的良苦用心。其重视人才，很快回了一首《酬朱庆馀》：

越女新妆出镜心，自知明艳更沉吟。

齐纨未足时人贵，一曲菱歌敌万金。

　　林逋《相思令·惜别》与此同理，以貌似恋人之思，描写对家乡之深情厚谊，这是诗歌艺术的至高境界。

《梅妻鹤子》立轴，设色绢本

　　北宋翟汝文（1076—1141）画，题识：绍兴四年（1134）岁次甲寅孟冬月廿有六日，翰林学士丹阳翟汝文绘。南宋商挺（1209—1288）题跋：食少只缘添鹤口，诗多偏喜伴梅吟。前身应是林和靖，清客□仙契素心。至元廿有二年（1285）岁次乙酉孟秋月望后一日，文海承旨程公于友人处借观宋时翟汝文绘林和靖山居图，用笔沉着极饶古趣，予于程公处观玩惊为艺苑瑰宝，因题数言以俟鉴者。后学孟卿商挺。钤印：商挺私印（白文）孟卿（朱文）。

陆羽《茶经》伴山居

石辗轻飞瑟瑟尘，乳花烹出建溪春。

世间绝品人难识，闲对茶经忆古人。

这是林逋《七绝·监郡吴殿丞惠以笔、墨、建茶，各吟一绝谢之》三首之三，或单独冠名为《茶》。

宋代是建茶崛起之时，该诗是吟咏建茶的代表作之一。首句点出了宋代饼茶的特征。第二句"乳花"描述了宋代的点茶法。三、四句赞美建茶为世间绝品，可惜茶圣陆羽不识此茶，诗人因此会在闲暇之时面对《茶经》发出感叹。明万历本《林和靖诗集》还在末句注云："陆羽撰《茶经》而不载建溪者，意其颇有遗落耳。"这是对陆羽的误解，因为建茶在唐代尚未名世。实际上，陆羽在《茶经》"八之出"结尾处还是笼统地提到建茶的："其恩、播、费、夷、鄂、袁、吉、福、建、韶、象十一州未详，往往得之，其味甚佳。"这样记载偶尔得之又不是很有名气的建茶，应该说还是比较客观的。

"闲对茶经忆古人"是难得之茶诗名句，除了表达感叹之意，也可理解为诗人对陆羽撰写《茶经》的无限怀想，怀念他对中国茶文化的巨大贡献，引发无穷遐想。并且诗中有画、诗中有文，常常被画家和作家用作茶画或茶文标题。

该诗与唐代著名诗人卢仝的《走笔谢孟谏议寄新茶》一样，也是好友惠茶引发诗兴，可见茶和友情是诗人创作之灵丹妙药。

"闲对茶经"说明《茶经》是林逋的藏书之一。有《茶经》相伴，诗人因此能写出这首著名茶诗。

林逋作有七律《深居杂兴六首》，记载其隐居日常生活，其二、其五、其六均写到茶事，其中其二也写到《茶经》：

其二

四壁垣衣钓具腥，已甘衡泌号沉冥。

伶伦近日无侯白，奴仆当时有卫青。

清代著名画家华岩《探梅图》《梅鹤图》，分别描绘林逋"山园小梅""梅妻鹤子"之意境

花月病怀看酒谱，云萝幽信寄茶经。

茅君使者萧闲甚，独理丛毛向户庭。

其五

上书可有三千牍，下笔曾无一百函。

闲卷孤怀背尘世，独营幽事傍云岩。

僧分乳食来阴洞，鹤触茶薪落蠹杉。

未似周颙少贞胜，北山应免略相衔。

其六

松竹封侯尚未尊，石为公辅亦云云。

清华自合论闲客，玄默何妨事静君。

鹤料免惭尸厚禄，茶功兼拟策元勋。

幽人不作山中相，且拥图书卧白云。

6首山居诗，3首写到茶事，说明了诗人对茶之热爱。

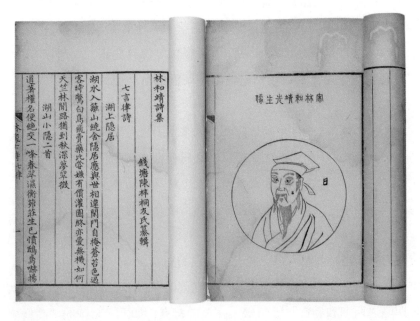

诗人另有五律诗赠同为隐士的蒋公明——《赠蒋公明》：

> 高亢近谁同，心闲爱子慵。居深避俗客，睡起听邻钟。
>
> 纸轴敲晴响，茶铛煮晚浓。南斋屡招宿，幽话数诸峰。

该诗记载诗人好友蒋公明，隐于峰峦叠嶂之深山，诗人曾去留宿小住，吟诗品茗，意气相投。

寺院"茶鼓"载茶诗

唐宋时代，寺院盛行饮茶，上规模的寺院大多设有供僧人喝茶的茶堂或茶寮，僧人们可以一边喝茶，一边讨论佛经，切磋禅道。寺院内演说佛法的场所称"法堂"。法堂设有二鼓，位于东北角的称"法鼓"，西北角的称"茶鼓"。或称左钟右鼓。茶鼓专门用于召集僧众饮茶所用，在唐代高僧怀海（720—814）主持制订的《百丈清规·法器》中即有记载："茶鼓：长击一通，侍司主之。"可见当时寺院饮茶风气之盛，可以说茶鼓是佛教崇茶的一种重要信据。

今日寺院已难觅茶鼓，除了《百丈清规》等佛教典籍，人们只有在一些古诗文中找到它的踪迹，其中较早记载寺院茶鼓的有林逋的著名诗篇——《西湖春日》：

> 争得才如杜牧之，试来湖上辄题诗。
>
> 春烟寺院敲茶鼓，夕照楼台卓酒旗。
>
> 浓吐杂芳熏峨峰，湿飞双翠破涟漪。
>
> 人间幸有蓑兼笠，且上渔舟作钓师。

诗句记载了当时西湖周边寺院设有茶鼓的史实。

需要说明的是，该诗在《全宋诗》中又同时载为王安国诗。笔者以为，根据林逋长期隐居西湖和经常与佛门僧人交往的特点，如下文写到的"高僧拂经榻，茶话到黄昏"（《盱眙山寺》）、"瘦鹤独随行药后，高僧相对试茶间"（《林间石》）等很多诗篇，都写到与僧人饮茶，说明与高僧交往是其日常隐居生活内容之一，对寺院情况比较熟悉。而王安国并没有在杭州做官或定居的记载，至多只是客居杭州。此外，他也少有僧佛诗作。很多茶文化作者因此将《西湖春日》归在林逋名下。

近代安徽建德（今东至）籍实业巨头、北洋财长周学熙（1865—1947），也在《茶鼓》诗中记载了西湖周边寺院的茶鼓声：

> 灵鹫山前第几峰，通通茶鼓暮烟浓。
>
> 西湖不少僧行脚，误急归心饭后钟。

这说明晚清民国时期，杭州寺院仍有茶鼓的事实。

作为隐士，林逋与寺院有缘，作有多首与寺院相关之茶诗，如七律《山谷寺》云：

才入禅林便懒还，众峰深壑共屏颜。

楼台冷簇云萝外，钟磬晴敲水石间。

茶版手擎童子净，锡枝肩倚老僧闲。

独孤房相碑文在，几认题名拂藓斑。

山谷寺未知位于何处，其中"茶版"即茶板，为寺院僧众喝茶时合击之板。

🍃苏轼高度赞扬林逋诗、书及人品

七律《孤山寺》诗云：

云峰水树南朝寺，祇隔丛篁作并邻。

破殿静披蘘白古，斋房闲试酪奴春。

白公睡阁幽如画，张祜诗牌妙入神。

乘兴醉来拖木突，翠苔苍藓石磷磷。

南朝古寺孤山寺与林逋隐居处相邻，夏秋时节，诗人酒后穿着木拖鞋去串门，幽篁丛丛，绿树葱翠，翠苔苍藓铺满小径，寺院已年久失修，好在斋房内有茶室，"酷奴"为茶之别名。当年白居易曾在该寺下榻，看到张祜诗牌，诗句精妙入神。

五律《盱眙山寺》云：

　　　　下傍盱眙县，山崖露寺门。疏钟过淮口，一径入云根。

　　　　竹老生虚籁，池清见古源。高僧拂经榻，茶话到黄昏。

诗人到江苏盱眙山寺参访，寺在山崖高处，小径入云，修竹成行，池塘清澈。诗人与高僧话语相投，茶叙畅谈至黄昏时分。

五律《夏日寺居和酬叶次公》云：

　　　　午日猛如焚，清凉爱寺轩。

　　　　鹤毛横藓阵，蚁穴入莎根。

　　　　社信题茶角，楼衣笼酒痕。

　　　　中餐不劳问，笋菊净盘樽。

盛夏时节，诗人在某寺院避暑，作五律和友人叶次公。看到苔藓上飘落着仙鹤羽毛，草丛中有蚁穴痕迹。神佛前有善男信女供奉的茶包，纸上写有祭祀神灵祖先之语。寓居寺院不必下厨操劳，中饭有山笋、菊类菜蔬，颇合诗人胃口。

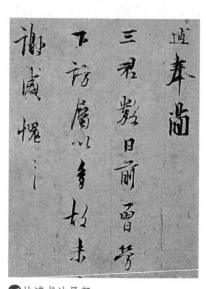

林逋书法局部

首记西湖白云茶

据专家研究，始于明而盛于清的杭州西湖龙井茶，其前身就是西湖周边的寺院茶，唐代即为陆羽《茶经》记载的天竺茶、灵隐茶，宋代还有白云、宝林等寺院出产的白云茶、宝林茶、香林茶。说起白云茶，人们大多首推林逋的茶诗——

《尝茶次寄越僧灵皎》云：

> 白云峰下两枪新，腻绿长鲜谷雨春。
>
> 静试恰如湖上雪，对尝兼忆剡中人。
>
> 瓶悬金粉师应有，箸点琼花我自珍。
>
> 清话几时搔首后，愿和松色劝三巡。

该诗是与越僧灵皎所作和诗，灵皎生平未详。

白云茶产于西湖白云峰下。南宋《淳祐临安志》记载："白云峰，上天竺山后最高处，谓之白云峰，于是寺僧建堂其下，谓之白云堂。山中出茶，因谓之白云茶。"可见堂、茶皆以山而名。

白云茶品质优异，该茶在北宋就与香林茶、宝林茶同列为朝廷贡品。稍后的南宋《咸淳临安志》记载："岁贡，见旧志载，钱塘宝云庵产者名'宝云茶'，下天竺香林洞产者名'香林茶'，上天竺白云峰产者名'白云茶'。"

从林逋的诗句来看，茶芽如旗枪挺秀的白云茶，为绿色散茶，一般谷雨前后采摘。冲点之后汤沫如湖上积雪，似琼花绽放，茶过三巡，色犹未尽，可与建溪茶媲美，不失为宋代盛行点茶的上好之品。

白云堂今已不存，白云茶茶名也早已失传。据《杭州上天竺讲寺志》记载，到了明代，白云茶已"今久不种"了。今白云峰下尚存白居易、范仲淹等名人大家在诗文中提到的白云泉（白云池）遗址，附近还有 3 亩左右丛式老茶园，可说是龙井茶的老祖宗吧。

值得一提的是，在《咸淳临安志》中，这首《尝茶次寄越僧灵皎》误为大文豪苏轼之诗，一些茶书也以讹传讹，误导读者。

林逋另有多首与高僧交往茶诗，其中与释思齐先后作有二诗，其一为七律《招思齐上人》云：

> 两枪未试泠泠水，五鬣长闲渐渐风。
>
> 清会几时搔着后，病怀无复曲肱中。
>
> 寒云片段浮重巘，白鸟横斜入远空。
>
> 一帙逍遥不能解，牛头焚尽待支公。

其二为五律《寄思齐上人》云：

> 松下中峰路，怀师日日行。静钟浮野水，深寺隔春城。
>
> 阁掩茶烟晚，廊回雪溜清。当期相就宿，诗外话无生。

释思齐系诗人同时代杭州僧人，书学柳公权，曾为杭州某寺放生池题额，生平未详。其一七律意为诗人病愈后备了上等佳茗，焚香等待上人前来共品。其中"两枪"指一芽一叶未展，茶芽称枪，叶片称旗；"牛头"即牛头旃檀，为印度所产的香树，又称为赤旃檀、牛首旃檀，其中"旃檀"为梵文 candana 音译；诗人将上人比作高僧支道林。其二大意为诗人常常思念上人，点赞寺院环境清幽，期待有机会前往小住品茗。

位于西湖孤山林逋草堂前的梅妻鹤子雕像

五律《送长吉上人》云：

> 囊集暮云篇，行行肯废禅。青山买未暇，朱阙去随缘。
>
> 茗试幽人井，香焚贾客船。淮流迟新月，吟玩想忘眠。

释长吉，号梵才大师，住净名庵，生平未详。能诗，《全宋诗》存诗 5 首。爱茶，其五言诗《题清辉堂》有茶句云"中餐啜露葵，午坐烹茶乳"。该诗大意为：诗人曾去上人寺院品茗吟诗，点赞井水清冽，观新月晚升，度过美好夜晚。

七律《寄西山勤道人》云：

> 天竺山深桂子丹，白猿啼在白云间。
>
> 死生不出千门事，坐卧无如一室闲。
>
> 谁伴锡痕过寂历，自凭茶色对屏颜。
>
> 忘机亦有庞居士，园井萧疏病掩关。

该诗大意为勤道人在西湖天竺山深处西山修行，以白猿、白云为伴，高山出好茶，茶之色泽即能辨别茶之优劣。虽因身体欠佳，园井萧疏，但诗人将其比作唐代著名的庞蕴居士，潇洒自在。

古代有时僧道合一，勤道人是僧是道不清楚，但从"锡痕"、唐代禅僧"庞居士"来看，应是僧人。林逋七律《和酬泉南陈贤良见赠》写到的陈贤良，则为道家无疑：

> 湛卢生涩鞘秋尘，方册谁谈礼乐因。
>
> 两地贵游无旧识，五天清会有高人。
>
> 泉关茶井当犹惜，火养丹炉看独频。
>
> 扬袂公车莫相调，浮名应未似身亲。

诗人去某地道观旅游五天，遇见陈贤良等高人，诗词唱和，茶泉兼优，其中"丹炉"为道家炼丹必备，因此可确认主人是道士，能诗。主人可能科举失利，诗人安慰此乃浮名而已，不必在意。

●位于西湖孤山东北坡的放鹤亭

山居不离茶与药

　　茶、药、梅、鹤、竹、石、琴，是林逋诗章中写到最多的关键字，涉茶诗作中，尤以茶、药并列常用，说明药材与茶饮是诗人隐居的重要生活元素。如七律《复赓前韵，且以陋居幽胜诧而诱之》，记载诗人山居生活：

　　　　画共药材悬屋壁，琴兼茶具入船扉。

　　　　秋花抱露如红粉，水鸟冲烟湿翠衣。

　　　　石磴背穿林寺近，竹烟横点海山微。

　　　　百千幽胜无人见，说向吾师是泄机。

　　其中开句写到诗人屋壁上挂有书画和药材，古琴与茶具并列，随时可以携带上船。

　　七律《湖山小隐》二首之一云：

道着权名便绝交，一峰春翠湿衡茅。

庄生已愤鸱鸢赫，杨子休讥蝘蜓嘲。

滴滴药泉来石窦，霏霏茶蔼出松梢。

琴僧近借南薰谱，且并闲工子细抄。

其中第三联写到药与茶。末句写到的"南薰谱"，相传为虞舜所作，歌中有"南
风之薰兮，可以解吾民之愠兮"等句。诗人从一位琴僧处借阅，准备抄写收藏之。

隐居亦难免生病，七律《病中》二首之一描写了诗人生病之无奈：

坐钓行樵那不倦，寻云看月亦应劳。

烦襟入夜权宜减，瘦格乘秋斗顿高。

猿下任窥煎药鼎，客来慵动碾茶槽。

床头卧架直闲却，免有情戕揭悼骚。

病中用到煎药鼎，诗人亦不忘为前来探病的好友碾茶烹煮。

七律《林间石》亦写到茶与药：

入夜跏趺多待月，移时箕踞为看山。

苔生晚片应知静，云动秋根合见闲。

瘦鹤独随行药后，高僧相对试茶间。

疏篁百本松千尺，莫怪频频此往还。

从诗中写到的"瘦鹤"来看，应是某个月夜，诗人请来高僧到山居对饮。隐
者多有独特修身养性之道，"跏趺"是指佛教中修禅者的坐法，两足交叉置于左
右股上，称"全跏坐"，又称"吉祥坐"；"箕踞"则为席地而坐，随意伸开两腿，
像个簸箕，是一种不拘礼节的坐法。"疏篁百本松千尺"并非限于百棵修竹千棵松，
而是形容竹松之多。茂林修竹，清幽优雅，主人更是饱读诗书、工诗之高士，难
怪高僧雅士到此流连忘返。

《山村冬暮》记茶事

林逋茶诗中能够与家乡联系的，有五律《山村冬暮》：

衡茅林麓下，春色已微茫。雪竹低寒翠，风梅落晚香。

樵期多独往，茶事不全忙。双鹭有时起，横飞过野塘。

该诗写于暮冬时节。严冬将尽，春光将临，残雪仍寒，梅花已落。在衡门茅屋简陋居室中，爱茶的诗人看到山民已开始准备茶事，期待开采新茶。末句写到时有鹭鸟飞越河塘捕鱼，动静结合，富有诗情画意。

诗人未写该诗写于何地，或为家乡山村所见，或为外地山村所见。

另有涉茶诗七律《黄家庄》云：

黄家庄畔一维舟，总是沿流好宿头。

野兴几多寻竹径，风情些小上茶楼。

遥村雨暗鸣寒棒，浅溆沙平下晚鸥。

更有锦帆荒荡事，茫茫随分起诗愁。

该诗地理环境颇似诗人家乡黄贤，诗中黄家庄疑似黄贤村，但古代黄贤山村应该不会有茶楼。惜诗人未写更多地名信息。

七律《无为军》描写了当时当地多酒家、茶楼：

掩映军城隔水乡，人烟景物共苍苍。

酒家楼阁摇风旆，茶客舟船簇雨樯。

残笛远砧闻野墅，老苔寒桧看僧房。

狎鸥更有江湖兴，珍重江头白一行。

林逋书法局部

诗题"无为军"为区域地名，系北宋太平兴国三年（978），从庐州析出建立，治巢县城口镇（今安徽无为无城镇），领巢县、庐江二县，属淮南道。该诗描绘了当时无为军之景象，酒旗摇曳，茶楼有客，樯帆林立，生意兴隆，更有成群鸥鹭，白茫茫一片在江头觅食嬉闹。

雪窦重显诗颂说茶禅

雪窦寺历代高僧辈出，尤以著作《宗镜录》、诗偈赋咏千万言的晚唐五代后周智觉延寿禅师（又称永明延寿大师）、宋代以寺为号的明觉大师雪窦重显最为著名。智觉延寿著述尚未发现茶文化元素，雪窦重显有诸多茶禅诗偈和公案，专述如下。

雪窦重显（980—1052），云门宗第4代祖师，有"云门宗中兴之祖"之称。俗姓李氏，字隐之，北宋遂州（今四川省遂宁市）人。一生担任住持31年，其中住持雪窦寺长达29年，塔在寺之西南。《禅林僧宝传·重显传》称："宗风大振，天下龙蟠凤逸衲子争集座下，号云门中兴。"其在世时经多位朝臣奏请，仁宗皇帝先赐其紫衣，继敕"明觉大师"之号，荣耀一时。著有《洞庭语录》《雪窦开堂录》《瀑泉集》《祖英集》《颂古集》《拈古集》《雪窦后录》等，后人集成《明觉禅师语录六卷》。其《颂古一百则》为禅宗名著，享誉海内外佛教界，遐迩闻名。

四十三世雪寶重顯禪师

🔖雪窦重显画像

茶禅诗篇蕴禅理

雪窦重显与三位宁波知府有缘。先是早年好友、高官楚国公曾会（952—1033）出知明州时，邀请其出任雪窦寺住持。

另两位明州知府，见记于重显茶诗。《全宋诗》收有其多首诗作，有4首为受赠、馈赠茶诗，其中3首与两位明州知府相关，足见其地位之显赫，为宁波茶文化之最。

重显最著名茶诗为《谢鲍学士惠腊茶》：

> 丛卉乘春独让灵，建溪从此振嘉声。
>
> 使君分赐深深意，曾敌禅曹万虑清。

诗题中鲍学士系当时明州（今宁波）知府鲍亚之，康定元年（1040）知明州。腊茶为建茶之一种，宋代建茶最为著名，诗中"建溪"与"腊茶"对应。"使君"亦指鲍知府。"禅曹"即禅僧。末句为诗眼，意为僧人修行、坐禅，多赖茶饮启迪禅机，除虑去病，驱除睡魔。"万虑清"极言茶之神功，夸张中蕴含禅理。

除了鲍知府，重显与另一位明州知府郎简交好，留有两首受赠、馈赠茶诗，其一为《谢郎给事送建茗》：

> 陆羽仙经不易夸，诗家珍重寄禅家。
>
> 松根石上春光里，瀑水烹来斗百花。

雪窦重显彩色画像

郎给事即郎简，宋代给事中一般为四品，与知府地位相合。郎知府送的也是建茶，而非当时越州名茶绍兴日铸、台州名茶宁海茶山茶，足见当时官府以建茶为重。"诗家珍重寄禅家"，表达了对知府赠茶的感激之情。"瀑水烹来斗百花"，则写出了雪窦寺周边多溪流瀑布之特色。宋代盛行"茶百戏"，重显认为"茶百戏"可与百花媲美。

另一首为重显赠送当地山茶给郎知府——《送山茶上知府郎给事》：

> 谷雨前收献至公，不争春力避芳丛。
>
> 烟开曾入深深坞，百万枪旗在下风。

重显将当地所产谷雨前茶献给明州最高长官郎知府，"至公"原为极公平之意，此处可理解为双关语，并说明这是从雪窦深山开春采得的好茶。"下风"为谦词，如甘拜下风，与开头"至公"对应。

古代举人以上出身知县、知府多是饱学之士，士大夫间多有诗文唱酬，如上述明州两任知府，均为宋代名人，其中郎简官至刑部侍郎。重显寄诗于两任知府，相信他们有回赠之作，可惜未见记载，否则当为极好茶文化史料。

重显另有《送新茶》二首记述茶事：

上海古籍出版社 2016 年版《雪窦重显禅师集》书封

> 元化功深陆羽知，雨前微露见枪旗。
> 收来献佛余堪惜，不寄诗家复寄谁。

> 乘春雀舌占高名，龙麝相资笑解醒。
> 莫讶山家少为送，郑都官谓草中英。

该诗是重显第二次写到茶圣陆羽，说明作者对其人其事之了解和看重。诗中写到新茶是送给"诗家"的，虽然前诗将鲍知府比为诗家，但从"莫讶山家少为送"句来看，应该不是送给官家，一般送给官家会用敬语，此语则表示为送给诗友或善诗之僧友。"雀舌""龙麝""草中英"，极言茶品之精细、清香。"郑都官"即宋代都官郎中郑谷。其实"草中英"并非出自郑谷诗作，而是出自唐代郑寓或郑遨之作《茶诗》："嫩芽香且灵，吾谓草中英。"此乃重显引典之误。

其五言诗《和颂》另有茶句："顾我不争衡，与谁闲斗茗。"

"茶铫"公案内涵丰

重显《颂古一百则》在佛教界享有较高声誉，并收入《全宋诗》，其中第四十九则以茶事为内容，即著名的"明招茶铫"公案：

王太傅入招庆煎茶，时朗上座与明招把铫，朗翻却茶铫。太傅见，问："上座，茶炉下是什么？"朗云："捧炉神。"太傅云："既是捧炉神，为什么翻却茶铫？"朗云："仕官千日，失在一朝。"太傅拂袖便去。明招云："朗上座吃却招庆饭了，却去江外打野榸。"朗云："和尚作么生？"招云："非人得其便。"师云："当时但踏倒茶炉。"颂云：

> 来问若成风，应机非善巧。
>
> 堪悲独眼龙，曾未呈牙爪。
>
> 牙爪开，生云雷，逆水之波经几回。

该公案发生在五代十国期间，地点在泉州招庆寺。招庆寺由刺史王延彬于唐朝天佑年间（905—907）所建，多有高僧释子出入其间，尤其是一代高僧释静、释筠、释省僜，以著述《祖堂集》而名重禅林。该寺已废，遗址在今国家级风景名胜区清源山弥陀岩南麓。

宋代高僧圆悟克勤（1063—1135）《碧岩录·卷第五·第四十八则》，对"明招茶铫"公案做有详解，内涵丰富。

该公案大意为，某日，好文崇佛的王太傅——刺史王延彬（886—930）到招庆寺与高僧喝茶，司茶僧朗上座（慧朗禅师）不慎把茶铫打翻了。王太傅见状问朗上座："茶炉下面是什么？""是捧炉神。""既然有捧炉神，怎么还弄翻了呢？"朗上座答道："高官千日，也难免一朝丢官免职，这道理是一样的。"太傅拂袖而去。明招说道："上座啊，你吃的是招庆的饭，干吗不向正处行，却向外面走！"（"野樼"即荒野中的枯树根）朗上座问："那和尚你应该怎么说？"明招答："我会说这不是人为的，是捧炉神瞅着空子给弄翻的。"

明招即明招德谦禅师，唐末五代禅僧，浙江义乌人，生卒年不详，12岁出家修身，曾居智者寺第一座，后赴武义明招寺讲法40年，禅宗史上称其为"婺州明招德谦禅师"。

重显认为当时最好的应对，就是把茶炉也踢倒在地。他以偈颂评说：王太傅所问不失为话头高手，似运斤成风，熟练高超；朗上座虽应其机，回答也很奇特，却缺乏善巧方便，没有拿云攫雾的手段；朗上座粘皮着骨。两人所用都为死句，以今日之语即为"把天聊死了"，所以感叹他们只是一只眼的独眼龙，若想见到活处，便是踏倒茶炉。

偈颂通过来问成风与应非善巧，说明独眼龙未呈牙爪，难免溺于死水；明眼龙则能施呈牙爪，吞云吐雾，劈波斩浪，别开生面。生动地描绘出粘皮着骨和大用无方两种应机境界。

《碧岩录》评说："王太傅与朗上座，如此话会不一，雪窦末后却道：'当时但踏倒茶炉。'明招虽是如此，终不如雪窦。""朗上座与明招语句似死，若要见活处，但看雪窦踏倒茶炉。"

高僧之偈颂，多有玄机，有所指或无所指，多凭意会而难以言传。

《明觉禅师语录·卷二》载有其另一偈语："踏破草鞋汉，不能打得尔。且坐，吃茶。"

宋代寺院盛行茶筵（茶宴），从《明觉禅师语录》中可见一斑，其中多处记载多处寺院有茶筵或以茶筵接风，如卷一记载："师（指明觉禅师，下同）在灵隐，诸院尊宿。茶筵日，众请升座。""师到秀州（治所今嘉兴），百万道者备茶筵，请升堂。""越州（治所今绍兴）檀越备茶筵，请师升座。"这说明了当时寺院茶筵之盛。

据笔者初步检索，《明觉禅师语录》中，与茶相关的达20多条，限于篇幅，不一一赘述。

笔者草成《读雪窦重显偈颂感赋》：

> 赋诗作颂喜清饮，两任知州缘遇深。
>
> 茗事诸多编语录，茶铫公案见禅心。

无准师范诗偈说茶饭

被誉为"南宋佛教泰斗"之著名高僧无准师范，曾先后出任奉化清凉寺、雪窦寺、阿育王寺住持，有诸多茶禅诗偈、公案。本文就其跟奉化与茶事的因缘做一简介。

佛地奉化因缘深

无准师范（1179—1249），名师范，号无准，俗姓雍，梓潼（今四川绵阳）人。9岁进入佛门，绍熙五年（1194）15岁受具足戒。20岁投育王山秀岩师瑞禅师，时育王山尚有佛照德光居东庵，法席人物之盛，为东南第一。后参松源崇岳（临济宗杨岐派高僧）、破庵祖先禅师（临济宗杨岐派高僧）而大悟。不久还灵岩寺，居第一座。嘉定六年（1213）住四明山梨洲寺，十三年（1220）住庆元府奉化清凉禅寺3年，十六年（1223）入镇江府焦山普济寺。宝庆元年（1225），住雪窦山资圣寺4年多，系该寺第43任住持。绍定二年（1229）驻锡庆元府阿育王山广利禅寺。绍定五年（1232）奉敕住径山寺，嘉熙三年（1239）宋理宗赐"佛鉴禅师"号，淳祐九年（1249）在径

五十三世無準師範禪師

❀ 无准师范画像

山寺圆寂。有《无准师范禅师语录》六卷。

日本高僧圆尔辨圆，端平三年（1235）三月，经明州到径山，拜师范为师，学佛6年多，于淳祐元年（1541）七月回日本。圆尔辨圆是继荣西之后的又一位高僧，大兴禅宗。师范因此在日本影响较大，并有多种墨迹流传日本，经常在一些茶道家茶会上展示，是日本茶道界广为人知之著名高僧。

师范先后在宁波住过四家寺院，《无准师范禅师语录》共分五部分，分别为《庆元府清凉禅寺语录》《镇江府焦山普济禅寺语录》《庆元府雪窦山资圣禅寺语录》《庆元府阿育王山广利禅寺语录》《临安府径山兴圣万寿禅寺语录》。其中庆元府占三部分，尤其是奉化清凉禅寺为其出世之地，其语录自该寺开始记载，充分说明了奉化与宁波在其修行生涯中的重要地位。

清凉禅寺遗址位于今奉化区裘村镇杨村之北清凉山。据《奉化县志》《忠义志》等相关记载，该寺五代后梁年间（907—923），由僧云华创建，由一位茅姓将军舍宅为寺，吴越王钱镠赐额"归顺"。宋治平二年（1065）改清凉院，明洪武初改寺。永乐年间，寺僧归并太清寺，不久又分设。清咸丰年间几次圮废，现仅剩残垣断壁。

据明代僧人居顶《续传灯录》记载，无准师范住持清凉禅寺，富有传奇色彩。当时师范游走浙江、福建一带，一次与月石溪禅师同游至武夷山，留宿瑞岩寺，晚上梦见有人手持茅草送他。第二天醒来，梦中情景依然清晰，此时恰好有明州清凉寺专使来到瑞岩寺，邀其前去住持清凉寺。师范到寺后发现庙堂供奉的伽蓝神像，与其梦中所见极为相似，细看供奉的牌位写着"茅姓"字样。师范顿时明白，梦中伽蓝相见授茅，正是预示他要住持清凉寺。

无准师范画像

诸多诗偈说茶饭

遇茶吃茶，遇饭吃饭，寻常茶饭，是历代高僧常用之语，说明只要有心，修行不必刻意而为，而是需要在日常生活中经常留意体悟。

师范多首诗偈说到清茶淡饭、粗茶淡饭、寻常茶饭、家常茶饭等。如《颂古四十四首·共乐升平道泰时》云：

> 共乐升平道泰时，相逢终不展钤旗。
> 随宜淡饭清茶外，困卧闲行几个知。

《偈颂一百四十一首·横说竖说何曾动着舌头》云：

> 横说竖说，何曾动着舌头；逆行顺行，总是家常茶饭。有准绳，无畔岸，吾道一以贯。

《偈颂一百四十一首·一冬二冬》云：

> 一冬二冬，你侬我侬。暗中偷笑，当面脱空。虽是寻常茶饭，谁知米里有虫。岂不见南泉道夜来好风，吹折门前一枝松。

《颂古四十四首·春生夏长》云：

> 春生夏长，淡饭粗茶。鱼投臭水，彩奔觚家。

这些诗偈含义大同小异，开示僧众修行就在日常生活之中。

清末著名书画家赵之谦（1829—1884）书法：扫地焚香得清福，粗茶淡饭足平安

参退、巡堂僧吃茶

师范倡导饮茶，诗偈中多处写到参退或巡堂之后，僧众均以吃茶结束。参退同于参后、晚参或放参，佛教称登堂说法为大参，定时以外的说法为小参；巡堂有住持巡堂或僧众巡堂等多种。

如《偈颂一百四十一首·万别千差处》云：

谢天童垠首座上堂。万别千差处，事同一家；事同一家时，万别千差。太白山前水磨日夜轮转不歇，乳峰寺里参退吃茶。

该偈大意为：各地寺院都在修行，看似同一件事，但其中大有差别。如太白山天童寺有水磨日夜不停在旋转，雪窦寺则在参退吃茶。雪窦寺原名乳峰寺。

以下上堂说法参退或巡堂之后，均以僧众吃茶结束：

腊八上堂。黄面老汉二千年前，于正觉山前夜睹明星，忽然悟道。于三七日中思惟是事。直是无启口处，灼然此事呈似人不得，说与人不得，其惟证者乃可知焉。且知底事作么生？岂不见真净和尚道，头陀石被莓苔裹，掷笔峰遭薜荔缠。罗汉院里一年度三个行者，归宗寺里参退吃茶，育王今日无暇与诸人吃茶。

上堂。举。真净示众云：头陀石被莓苔裹，掷笔峰遭薜荔缠。罗汉院里一年度三个行者，归宗寺里参退吃茶。大众。会么，是大神咒，是大明咒，是无上咒，是无等等咒，能除一切苦，真实不虚。

师云："行者虽好接高宾，争奈手头短促。丹霞不解作客，未免劳烦主人。当时若自盛粥吃了，拽拄杖便行，免累佗古寺。无点污中却成点污，且如何免得。"良久。下座，巡堂吃茶。

🏵无准师范墨迹：上堂、巡堂

重阳宜吃茱萸茶

各地寺院凡传统节日如元旦、端午、重阳、中秋、除夕等等，住持一般都会上堂说法，参退吃茶。师范语录中，重阳上堂较多，参退吃茶的至少有三次。

如《偈颂一百四十一首·重阳九月九》云：

重九上堂。重阳九月九。个个尽知有。吃了茱萸茶。多是眉头皱。唯有陶靖节独欢颜。解道采菊东篱下。悠然见南山。

另一偈颂云：

重阳上堂。九日重阳节，东篱赏菊花。歌欢公子事，淡薄野僧家。虽然淡薄，不妨别有滋味，且道是什么滋味。胶胶粘粘黄栗粽，苦苦涩涩茱萸茶。

茱萸又名越椒、艾子，是一种常绿带香中药，具有杀虫消毒、逐寒祛风之功效，可与茶叶同泡。古代在九月九日重阳节时，爬山登高，还有佩茱萸习俗，即在臂上佩带插着茱萸的小袋，古称"茱萸囊"。

上述二则偈颂均说到茱萸茶，说明当时佛门很风行。茱萸茶究竟什么味，师范借此开示云：正如黄栗粽胶胶粘粘，茱萸茶苦苦涩涩，其中滋味唯有自己品尝才知晓。

另一则重九说法云：

上堂。今朝九月九，事例皆如旧。或采菊，或登山，或赋诗，或饮酒。此儒者之事，诸方长老遇此佳节，亦未免击鼓升堂。谈空说有，径山随例颠倒；遂展手云，闹中伸出一只手。良久。云：作什么？茶盐钱布施。

无准师范墨迹：归云

该偈颂指出重阳佳节，文人雅士大多会采菊饮酒，登高赋诗；僧侣遇此佳节，亦会升堂说法。其中"茶盐钱布施"，说明茶、盐、钱均为最为常见的布施之物。

点茶烧香礼三拜

师范另有诸多偈颂说到茶事，如《偈颂七十六首·杨岐设忌》云：

杨岐设忌，做尽鬼怪，径山设忌，一无所解。随分淡淡薄薄，点一杯茶，烧一炷香，漫礼三拜。若谓报德酬恩，兔子吃牛奶。

该偈颂大意为，不管高僧杨岐还是径山，都要参禅礼佛，点茶烧香礼三拜。

另一偈语亦说到烧香点茶礼三拜：

良久。休，休。数人不要数尽，骂人不要骂着。少间下座，与大众同到大佛殿烧一炷香，点一瓯茶，普礼三拜。且与佗一时盖覆着。若盖覆得去，则天魔拱手，外道归心，迦叶擎拳，阿难合掌。若盖覆不得，来年更有新条在，恼乱春风卒未休。

《偈颂一百四十一首·作家相见》云：

作家相见，有底凭据；迥无人处，聚头共语。寂子无端撼茶树。

其中"作家"为佛教术语。僧侣亦以诗文举扬禅旨，为师者若体得真实义，能善巧度众者，亦称为作家。

其他说到茶事之偈语举例如下：

结夏小参。……若谓是梦，觉者是谁？若谓是觉，因何有梦？我此众中必有智者，有则出来为我原看。若也原得，许你与沩仰父子畲田种粟，夜寝昼餐，捧水擎茶，不

🍵 无准师范墨迹：
  释迦宝殿

妨神通游戏，其或未然。铁船水上浮，莫道不疑好。

——冬夜小参。寒来暑往，个片田地何曾动摇，鼓寂钟停。一会灵山俨然未散，恁么会得。便见善财童子不离本位，入普贤毛孔刹中。经历无量国土，承事诸佛，参礼知识。一期事毕，却来径山面前鞠躬而立，合掌白曰："今当书云令节，天下丛林於此时兴大佛事，或拈洞山果子。或提皓老布裈，或举赵州茶，或示云门饼，浩浩商量，不妨闹热。惟是此间冷啾啾，空索索，闻无所闻，得无所得，未审师意如何？"咄，岂不见道，朕闻上古，其风朴略。

——净慈无极和尚遗书至，上堂。六十四年作么生生憎佛祖，黄连未是苦。一笑翻身什么处去也，虚空独露，元来只在这里。下座。炷香瀹茗，以醒瞌睡。

——归宗与南泉同行。一日告别，煎茶。师云："南泉惯将冷口吃人热物，若不是归宗，洎遭惑乱。然虽如是。可惜一铫茶。"

这些偈语均由师范上堂说法所云。禅林偈语大多较为费解，有所指或无所指，笔者限于学识，难以一一解读，由读者见仁见智。

大川普济《五灯会元》集茶禅公案之大成

南宋奉化籍高僧大川普济（1179—1253），是佛地奉化继唐末五代布袋和尚契此之后的又一高僧。其在灵隐寺编纂的皇皇二十卷禅宗经典巨著《五灯会元》，是中国佛教经典之一。该书奠定了其在中国佛教史，尤其是在禅宗发展史上的崇高地位。"灯录"是禅宗创造的一种史论并重的文体，它以本宗的前后师承关系为经，以历代祖师阐述的思想为纬，汇编成禅宗的思想史和师承史，为禅宗史书。在普济之前，先后有《景德传灯录》《天圣广灯录》《建中靖国续灯录》《联灯会要》《嘉泰普灯录》"五灯"问世。大川删繁就简，取其精华，将"五灯"共一百五十卷缩编为二十卷，约成书于淳祐十二年（1252）之前，宝祐元年（1253）其圆寂时已有刻本。

《五灯会元》集宋代以前禅宗史和禅宗思想史之大成，文字简明扼要，语言通透洒脱，纲目明了，篇幅适中，便于僧俗披览，世人喜闻乐见，入选《四库全书》。《五灯会元》问世后，仅《景德传灯录》同时并存，其余"四灯"基本被取代而失传。

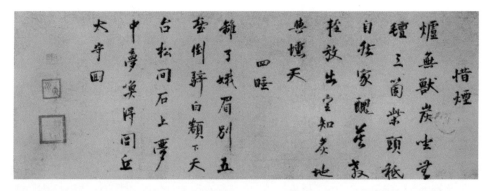

🌱目前发现的大川普济唯一存世墨迹《惜烟》《四睡》两首偈语（东京梅泽纪念馆藏，原为鸿池家旧藏）释文：《惜烟》：炉无兽炭坐无毡，三个柴头只自然。家丑莫教轻放出，定知炙地与熏天。《四睡》：离了娥（峨）眉别五台，倒骑白额下天台。松间石上梦中梦，唤得闾丘太守回。

　　"如何是和尚家风？饭后三碗茶。"这是《五灯会元》卷九记载的晚唐五代资福如宝禅师一则茶禅公案，说明饮茶是僧人日常生活和修行之重要组成部分。佛门公案特指禅宗祖师在接引学人时，留下许多机锋（不明确的含蓄语言，用以试验对方是否理解）、话头和语录等，称为公案，比喻判断禅法是非的案例或标准。《五灯会元》集唐宋时代佛门茶禅公案之大成，据不完全统计，全书提到茶事的难以计数，提到"吃茶去"的数十处，"且坐吃茶"九处，可谓茶香四溢。

　　本文就大川普济生平、故里及《五灯会元》主要茶禅公案做一简介。

🌱赵孟頫书《灵隐大川济禅师塔铭》四米长卷，全文1800字（上海博物馆）图为局部文字："大川禅师讳普济，生四明奉化六诏张氏，父友崇，母俞氏，有善操。"

一、大川普济生平及故里简介

普济，号大川，《灵隐大川禅师行状》《灵隐大川济禅师塔铭》均明确记载其为"四明奉化六诏张氏子，父友崇，母俞氏"。"四明"为宁波别称。大川父母有善操，好佛向善，祈愿三子中有一子可出家，以善及家族。如父母所愿，其19岁出家本邑香林院，一生曾八迁法席，分别为庆元府妙胜禅院、庆元府宝陁观音禅寺、庆元府岳林大中禅寺、嘉兴府报恩光孝禅寺、庆元府大慈名山教忠报国禅寺、绍兴府兰亭天章十方禅寺、临安府净慈报恩光孝禅寺、临安府景德灵隐禅寺。著作除了《五灯会元》，另有《大川普济禅师语录》传世。

据记载，普济法相庄严，刚正不阿，但能当机妙转；面目冷峻，不怒自威，学徒望之如悬崖峭壁不敢接近，久则恋恋不忍去；遇事有主见，如山难撼，以身殉道，百折不回；提起宗要予以唱导，开示简明扼要，准确贴切，启迪僧众；公私分明，亲疏一视同仁；艰苦俭朴，方丈室如普通僧舍，常以个人积蓄资助常住。火化后得五色舍利。惜无画像传世。

六诏为晋代古村，与新昌县、嵊州市相邻，两县市古代均属剡县。六诏当地水源称剡源，沿溪而下剡溪、剡江，归入奉化江。六诏原属剡源乡，今属溪口镇。剡源与剡溪分为九曲，六诏为第一曲。光绪《奉化县志·古迹》载："一曲六诏（《宝庆志》作'陆照'）。有晋王右军祠，右军隐于此，六诏不起，故名。"《剡源乡志·寓贤传》载："剡源六诏相传山中有石砚，又有墨池，皆为王羲之之所遗，改其地向有右军祠。"元陈子翚诗："一曲溪从古剡分，溪边庙食晋右军。砚埋尘土鹅群少，六诏空山自白云。"吴越王钱俶曾到过当地，今有钱王庙。李清照到六诏寻访王羲之足迹，曾在此小住。今为宁波市历史文化名村，2021年被评为浙江省3A级景区村庄。

2022年1月3日，笔者曾去六诏寻访大川遗迹，村口有王羲之塑像，立有两处醒目墙牌，其中一面为三角形，上书"王羲之隐居地""历史文化名村"醒目字样；另一面上书"千年古村 书香六诏"，书法选自启功电脑书体。山村自然风光优美，属于相对开阔的山川地带，村前曲水清澈。交通便捷，省道公路江

六诏村口两面墙牌

六诏自然风光优美，系宁波市历史文化名村、浙江省 3A 级景区村庄

（奉化江口）拔（新昌拔茅）线穿村而过，甬（宁波）金（华）高速公路经过村庄附近。遗憾的是，已找不到任何与大川相关之遗迹。随访几位村民，均不知大

川其人，问到一位张姓高龄村民亦不知情，说全村仅有 10 多户张姓人家，无宗谱传承；目前全村 500 多户，以郑、孙、毛等姓氏为主。村党支部书记俞鹤知晓有高僧大川之名，希望区里弘扬传统文化能让六诏借力，但苦于缺少相关佛教文化资源。

有作者写到，当地元代曾有大规模战乱，村毁人亡，导致很多古迹未能延续。

二、记载晚唐天童咸启茶语"且坐吃茶"，全书共九例

据不完全统计，《五灯会元》记有 9 例"且坐吃茶"。

1. 卷十三《明州天童咸启禅师》。记载晚唐天童寺咸启禅师最早或较早说到禅语"且坐吃茶"：

（师）问伏龙："甚处来？"曰："伏龙来。"师曰："还伏得龙么？"曰："不曾伏这畜生。"师曰："且坐吃茶。"

咸启禅师（？—约 860），生平未详。据《天童寺志》记载，其为天童山第 7 代住持，于大中元年至十三年（847—859）住持该寺，弘扬洞山宗风，为天童寺曹洞宗始祖。宋代以后，该寺曹洞宗多日本、朝鲜半岛法嗣，以天童寺为祖庭，今常来朝拜。

该公案大意为：伏龙寺一位僧人，到天童拜访咸启，一番关于有否伏龙的机锋对话之后，主人让客人"且坐吃茶"。按语意理解，当时主、客前面是放有茶盏或茶碗的，可以随意饮用。这一记载，把传统茶产区天童寺之茶禅历史远溯至唐代。

2. 卷十一《镇州临济义玄禅师》。记载一位平禅师，与临济义玄对话时说到"且坐吃茶"：

师曰："龙生金凤子，冲破碧琉璃。"平曰："且坐吃茶。"

平法师生平未详。唐代镇州治所在今河北正定县。

临济义玄（？—867）为临济宗创始人，曹州南华（今山东省菏泽市东明县）

人。俗姓邢氏。与晚唐天童寺高僧咸启同时代。其修黄檗悟道后，从南方行脚到河北镇州，在城东南隅滹沱河畔一寺院任住持，弘扬禅法。圆寂后，门人将其坐化全身，建塔于大名府之西北隅，谥号"慧照禅师"，塔号澄灵。其所居滹沱河畔寺院，现为中国禅宗祖庭之一。门人辑其语要为《镇州临济慧照禅师语录》（简称《临济录》）。

▲临济义玄禅师画像

3. 卷七《福州玄沙师备宗一禅师》。记载师备宗一拜访三斗庵主时，庵主谦说座椅不好，并请客人"且坐吃茶"：

师尝访三斗庵主，才相见，主曰："莫怪住山年深无坐具。"师曰："人人尽有，庵主为甚么无？"主曰："且坐吃茶。"师曰："庵主元来有在。"

师备宗一（835—908），唐末五代僧。福州闽县人。幼好垂钓，常泛舟于南台江上。唐咸通初年，年届三十，忽慕出尘，投芙蓉灵训禅师落发，往豫章开元寺受具。行头陀行，常终日宴坐，以其苦行，人称备头陀。与同门师兄雪峰禅师，亲如师徒。同力缔搆，玄徒臻萃。又阅楞严，发明心地，诸方玄学多来请益。初住梅谿普应寺，后迁玄沙山。应机接物30多年，学徒800多人。梁开平二年示寂，世寿74岁。有《福州玄沙宗一大师广录》（又称《玄沙大师语录》三卷）传世。有"玄沙三种病人""玄沙到县""祖师闻燕子声"等公案著称于世。

4. 卷六《潭州云盖禅师》。记载云盖禅师分别与两位禅师机锋禅语，继而请一位穴禅师且坐吃茶：

僧问："佛未出世时如何？"师曰："月中藏玉兔。"曰："出后如何？"

师曰："日里背金乌。"问："不可以情测时如何？"师曰："无舌童儿机智尽。"风穴参。师问："石角穿云路，携筇意若何？"穴曰："红霞笼玉象，拥嶂照川源。"师曰："相随来也。"穴曰："和尚也须低声。"师曰："且坐吃茶。"

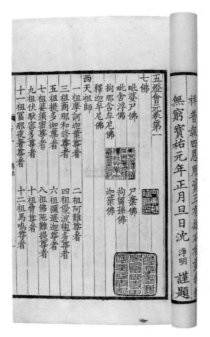

古本《五灯会元》书影

云盖禅师生平未详，约为北宋初年高僧。

5. 卷七《吉州潮山延宗禅师》。记载资福和尚拜访潮山延宗，主人先说一句机锋谦语，继而请他且坐吃茶：

因资福来谒，师下禅床相接。福问："和尚住此山，得几年也？"师曰："钝鸟栖芦，困鱼止泺。"曰："恁么则真道人也。"师曰："且坐吃茶。"

潮山延宗禅师生平未详，吉州一般指今江西省吉安市。

6. 卷十一《襄州谷隐山蕴聪慈照禅师》。记载蕴聪禅师到大阳，阳禅师请他且坐吃茶：

……后到大阳，玄和尚问："近离甚处？"师曰："襄州。"阳曰："作么生是不隔底句？"师曰："和尚住持不易。"阳曰："且坐吃茶。"

师便参众去。侍者问："适来新到，祗对住持不易，和尚为甚么教坐吃茶。"阳曰："我献他新罗附子，他酬我舶上茴香。你去问，他有语在。"侍者请师吃茶，问："适来只对和尚，道住持不易，意旨如何？"师曰："真榆不博金。"

阳禅师生平未详。蕴聪慈照（965—1032），宋代临济宗高僧。广东南海人，俗姓张。出家后，参礼百丈道常，继之参礼首山省念，大悟。后历参湖北洞山守初、大阳山警延、智门师戒等。景德三年（1006），住襄州石门山，天禧四年（1020），移住谷隐山太平兴国禅寺，两山徒众多达千人。并交结翰林杨文亿、中山刘筠等。天圣十年示寂，世寿68岁。谥号"慈照禅师"。李遵勖为撰碑文。著有语录《石门山慈照禅师凤岩集》一卷。

7. 卷十二《安吉州天圣皓泰禅师》。记载天圣皓泰禅师到琅邪，一位邪禅师对话时请他"且坐吃茶"：

到琅邪。师曰："贼过后张弓。"邪曰："且坐吃茶。"

邪禅师生平未详。天圣皓泰生平未详。从其湖州古地名安吉州来看，属南宋高僧。南宋宝庆元年（1225）改湖州为安吉州，治乌程、归安二县（今浙江湖州市）。辖境相当今浙江省湖州、德清、长兴、安吉等市县境。元至元十三年（1276）改安吉州为湖州安抚司，隶属两浙都督府。翌年又改属湖州路，治今湖州市区。

8. 卷十五《韶州月华山月禅师》。记载一位老者来到月华山月禅师法堂，感觉法堂很豪华。禅师请他且坐吃茶：

有一老宿上法堂，东西顾视曰："好个法堂，要且无主。"师闻，乃召曰："且坐吃茶。"

月华山月禅师生平未详。韶州即今广东韶关。

9. 卷十九《袁州杨岐方会禅师》。记载杨岐方会与三位新到僧人机锋对话，最后以"且坐吃茶"止住话头：

一日，三人新到。师问："三人同行，必有一智。"提起坐具曰："参头上座，唤这个作甚么？"曰："坐具。"师曰："真个那！"曰："是。"师复曰："唤作甚么？"曰："坐具。"师顾视左右曰："参头却具眼。"问第二人："欲行千里，一步为初。如何是最初一句？"曰："到和尚这里，争敢出手？"师以手画一画。僧曰："了。"师展两手，僧拟议。师曰："了。"问第三人："近离甚处？"曰："南源。"师曰："杨岐今日被上座勘破，且坐吃茶。"

四十五世杨岐方会禅师

杨岐方会（992—1049），袁州宜春（今江西宜春）人。俗姓冷。临济宗杨岐派创始人。从小机警聪明，到20岁时，不喜读

🏵 杨岐方会禅师画像

书作文，曾为小官，因税赋督促不力，而夜逃瑞州九峰山，恍惚觉得此地好像以前游览过一样，眷恋不忍离去，就此落发为僧。后往潭州（今湖南长沙）参石霜楚圆禅师。终住袁州杨岐山普明禅院（今江西萍乡上栗县杨岐山普通寺）。自成杨岐派。在亚洲很多国家皆有信徒，尤其在日本影响深远，为日本佛教大宗之一，信徒过百万以上，著名的"疯佛祖"一休和尚即是杨岐派弟子。有"杨岐灯盏明千古"之说。门人辑有《杨岐方会和尚语录》和《后录》各一卷。

据统计，杨岐方会是留有"且坐吃茶"记载最多的高僧，其《杨歧方会和尚语录》，共有八次说到"且坐吃茶"。

三、记载"吃茶去""茶堂里贬剥去"等重要公案

据《景德传灯录》记载，咸启禅语"且坐吃茶"的另一版本为"吃茶去"，在其他禅师禅语中亦能见到，说明这两句禅语是可以互通的，均为僧人机锋禅语终止住话题之语。

尽管咸启禅师等已经说过"吃茶去"，但关于"吃茶去"最著名的公案，是稍晚于咸启禅师的赵州从谂禅师，其常以"吃茶去"作为止住话头的口头禅，将"吃茶去"演绎到了极致。《五灯会元》卷四《赵州从谂禅师》有如是记载：

师问新到："曾到此间么？"曰："曾到。"师曰："吃茶去。"又问僧，僧曰："不曾到。"师曰："吃茶去。"后院主问曰："为甚么曾到也云吃茶去，不曾到也云吃茶去？"师召院主，主应喏。师曰："吃茶去。"

这一著名公案，可简述为"新到吃茶，曾到吃茶；若问吃茶，还是吃茶"。

此公案又生发出诸多公案，历代引用、化用其句其义的不胜枚举，最著名的当数当代已故佛学大师、诗人、书法家赵朴初之偈语诗："空持百千偈，不如吃茶去。"

千古传诵赵州僧，一盏人生感悟茶。作为口头禅，从谂口中的"吃茶去"，大多时候仅为代指而已，不一定有茶可吃，其真正意义是"悟"。"悟"有开悟、觉悟、领悟、感悟、渐悟、顿悟之分。"吃茶去"或"赵州茶"之所以受到僧俗

各界之重视，源于佛门而超越佛门，在于其不失为"悟"之妙语，可以言传，更多意会，且有足够想象空间，妙趣无穷。

《五灯会元》卷七还记载了五代明州翠岩令参永明禅师一句重要禅语，《翠岩令参禅师》有如下记载：

明州翠岩令参永明禅师，安吉州人也。僧问："不借三寸，请师道。"师曰："茶堂里贬剥去。"

这一公案大意为：永明大师，法号令参，湖州人。有人问："不请高僧，就凭三寸不烂之舌？"师答曰："不妨去茶堂吃茶论辩，探讨切磋，咀嚼茶之滋味。"

其中"贬剥"之"贬"通"辩"，"剥"为去掉外皮、外表，去虚求实。

难得的是，其中"茶堂"两字透露出重要信息，说明当时翠岩院已经设立专门用于喝茶之茶堂，说明佛门对茶事之重视。而此前天童寺咸启禅师、柏林赵州从谂禅师等，未见茶堂之记载，其他早期茶禅公案亦少见茶堂之记载。

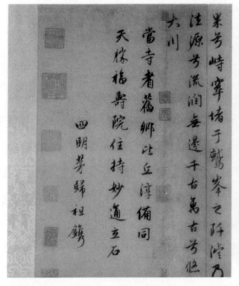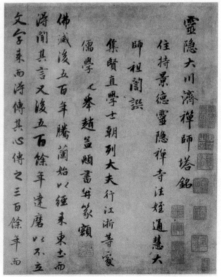

赵孟𫖯书《灵隐大川济禅师塔铭》（上海博物馆藏）图为开篇与结尾

四、《大川普济禅师语录》中的茶禅诗偈

除了《五灯会元》,《大川普济禅师语录》中还记有一些茶禅诗偈,如《和静照诗韵其一》云:

> 各逞神通现瑞茶,非云非雪亦非霞。
> 梦中说梦非见见,报道从来眼不花。

该诗记载了宋代士大夫间盛行的茶百戏,类似于分茶。五代十国时释福全在《汤戏》(注汤幻茶)诗中描绘茶百戏云:"生成盏里水丹青,巧画功夫学不成。却笑当时陆鸿渐,煎茶赢得好名声。"南宋著名诗人杨万里作有《澹庵坐上观显上人分茶》,其中有"怪怪奇奇真善幻"。普济笔下"非云非雪亦非霞"之瑞茶,即为典型的茶百戏之图形变幻。该诗系和诗,静照应是僧人法号,惜未见原诗,否则当丰富茶百戏主题文化。

另一首《水茶磨》诗云:

> 机轮转处水潺潺,机若停时水自闲。
> 末上一遭知落处,十分春色满人间。

水茶磨今已失传,顾名思义,其与旧时以水为动力的水磨一样,用于碾磨茶粉。唐宋时代主要用茶为饼茶,一般场所或个人,均以茶碾碾茶。茶碾材质多为石质的,陕西法门寺出土唐代皇室鎏金鸿雁纹银茶碾子,极尽皇家之奢华。寺院以水茶磨碾磨茶饼,则说明用茶量之大。同时代宁海籍高僧如琰作有同题诗,说明当时浙江等一些寺院建有水茶磨。该诗前两句描写水茶磨动态与静态,浅显易懂;末句为诗眼,碾磨出茶粉后,尤其是点茶待饮时,青绿茶粉与茶汤,如闻新春气息,春满人间,茶香怡人。

虽然仅有两首茶诗,但一为描写已失传之水茶磨,让后人见证当时寺院用茶量之大;二为描写尚不多见的茶百戏诗章,较有文献价值。

另有偈颂《通上座火》云:

宗通说通，关山万重。一句不相到，打破太虚空。

入得南山炉鞴，住得虎穴魔宫，熨斗煎茶铫不同。

其中"宗通说通"为禅宗术语，又作"宗说俱通"；通达堂奥之宗旨者称宗通，能面对大众自在说法教化者称说通。"炉鞴"指火炉鼓风的皮囊，亦借指熔炉。

还有其他茶禅偈颂不做赘述。

大川普济对禅宗和茶禅文化之贡献，正如悦堂祖闇禅师《灵隐大川济禅师塔铭》末句写道："千古万古兮，悠悠大川！"这是高僧永垂不朽之写照。

今奉化溪口六诏村为历史文化名村，不妨设立赵孟頫手书《灵隐大川济禅师塔铭》长廊，作为纪念高僧之旅游景观，供游人瞻仰。

陈著：时消孤闷有茶屋

弃瓢巢父固云稀，解印陶潜未是非。

风雨似知人世换，溪山自爱主翁归。

时消孤闷有茶屋，天把独醒存芰衣。

我亦岁寒松下草，相望百里借春晖。

这是宋末元初奉化著名文学家、廉官陈著《次韵黄子羽七十自叹》留下的诗章。其中"时消孤闷有茶屋"流露出诗人因奸臣当道，愤而辞官归隐，以茶解闷的忧愤之情。

黄子羽生平未详。陈著另有《黄子羽山长为不及同山行次余东发别余韵见寄》等多首相关诗词，知其为某书院山长。

陈著画像

其七律《春晚课摘茶》流露出同样心境：

> 玉川子后是吾生，自课园中拾晚荣。
>
> 挽雨金芒排世好，饱春香瓣见天成。
>
> 不烦钲鼓腾山嗷，剩有旗枪战酒兵。
>
> 凤舞赐团今绝想，只凭苦硬养幽清。

家有茶园，居室中辟有茶屋，说明诗人对茶之热爱。诗人自喻为茶中"亚圣"卢仝玉川子之后人，晚春园中采茶为生活内容之一，归隐之后不再奢望皇上赏赐龙团凤饼，而以自种自饮为乐。末句"只凭苦硬养幽清"写出了他一生清廉为官，宁为玉碎不为瓦全之节操。

陈著79岁时，为年长一岁的诗友元春写过《真珠帘·寿元春兄八十策》等祝寿词，其中《鹊桥仙·次韵元春兄》亦写到茶事：

> 兄年八十，弟今年几，亦是七旬有九。
>
> 人生取数已为多，更休问、前程无有。
>
> 家贫是苦，算来又好，见得平生操守。
>
> 杯茶盏水也风流，莫负了、桂时菊候。

元春姓氏、生平未详，与陈著交往密切，陈著另有《沁园春·其五和元春兄自寿》《行香子·次韵元春兄》、七律《送酒与元春兄》等诗词。

该诗描写桂、菊开放之金秋，两位八旬诗友以诗词唱和。陈著感叹家贫清苦，但好在坚守节操，即便是杯茶盏水，依然诗书风流。

陈著（1214—1297），字子微，小字谦之，号本堂，晚年号嵩溪遗耄，嵩溪系其家乡剡溪之支流。奉化畎驻乡三石村（今属奉化溪口镇）人。曾祖宏，

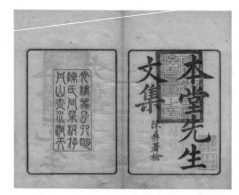

清光绪十九（1893）年刻本《本堂先生文集》书影

祖伸，父德刚，兄弟二人。父、祖几代身居高位，为官清廉。陈著幼闻庭训，6岁能文，博览群书，志在登科入仕。宋理宗宝祐四年（1256），43岁时大器晚成考中进士，调监饶州（今江西鄱阳县）商税。景定元年（1260）任白鹭书院山长，知安福县，旋监芜湖茶局。相国吴潜以其才可重用，向朝廷推荐。其不畏权贵，一身正气，刚正不阿，贾似道示陈著走其门道，陈著拒曰："宁不登朝，不为此态。"遂被放任江西省安福县令。景定四年（1263）授著作郎。贾似道推行"公田法"，贱价广收民田，陈著上疏指责其祸国殃民，乞罢买公田。似道怒，出陈著为嘉兴令。度宗咸淳三年（1267），知嵊县4年，多善政，百姓为纪念他，将他往来家乡时经过的一座山命名为陈公山，山岭命名为陈公岭，传至今日（已被改为谐音"成功岭"）；离任时县里的百姓跪泣送行，陈著作有五言律诗《解剡回家过陈公岭》。七年（1271），迁通判扬州，寻改临安府签判转运判，擢太学博士。十年（1274），以监察御史知台州，除秘书监，不就。宋亡归隐家乡西坑村。从此缱绻山水之间，以诗文自娱。清代宁波《四明谈助》记载，其晚年"感慨君国，时时见之诗文；而气体雄深，词旨悱恻，一洗晚宋之陋"。元大德元年卒，年八十四。

《四库全书》版《本堂集》书影

著有《本堂文集》九十六卷。

　　陈著为官清正廉明，文义冠世；独持风裁，威令肃然。2022 年 2 月 28 日，宁波市纪委市监委网站，转发浙江省纪委省监委公众号文章——"浙江御史故事"《陈著：一身正气　两袖清风》。

　　浙江省纪委省监委公众号文章——"浙江御史故事"
　　《陈著：一身正气　两袖清风》截图

陈著爱茶，据不完全统计，其1500多首诗词中，涉茶诗近30首。本文对其茶诗做一简介。

寺院僧侣广神交

在陈著近30首涉茶诗中，有14首与僧侣或寺院相关，占其茶诗总数一半。这些茶诗，或是僧侣赠茶，或与其探讨诗文，或为寺院求其诗赋，或在寺院品茗会友，其中不乏茶韵禅意。

如记载僧侣向其惠茶的，有七律《谢居简送茶、面》云：

银丝饼熟笋供膣，玉糁羹香花噉芽。

食粥案头添雅供，不知此味更谁家。

从诗人非茶诗七律《次韵奉慈寺主居简》得知，这位与同时代川籍高僧居简同法号之释氏，系当地奉慈寺住持。据光绪《奉化县志》记载，奉慈寺位于县西北五十五里（一作六十五里），唐咸通八年（867）僧明简筹建，初名奉国院。宋

《四库全书》版《本堂集》《谢居简送茶、面》书影

治平二年（1065）改上雪窦奉慈禅院。明洪武初改寺。清初寇乱，坍塌，僧超摄、超和重建。道光廿七年（1847）里人滕利全重修。光绪十三年（1887）遇灾，十八年（1892）僧敏溪重建。

该诗大意为：奉慈寺住持居简法师送来茶面，诗人作诗感谢，赞美面如银丝，与笋、肉同煮，美如苏轼笔下之玉糁羹；佳茗香爽，引发诗兴。晚年归隐，平时经常食粥，今间以面食，饮食更为丰富了。

七律《次云岫惠茶》云：

> 满啜禅林五味茶，清风吹散事如麻。
>
> 客中邂逅真奇绝，不比寻常贼破家。

云岫为奉化天宁寺住持，前文已做介绍。该诗大意为：云岫向诗人惠茶并附诗章，诗人按韵答诗，点赞所赠佳茗，犹如清风驱散心中琐事，引发禅林诗兴。诗人回忆首次与云岫相遇是在客舍之中，因缘难得。

诗人先后两次赋诗，记载好友如岳禅师两次赠茶赠诗。

其一为七绝《次韵如岳惠茶》云：

> 槐窗梦断凤团香，松涧分来雀嘴尝。
>
> 句引清风发吟兴，与师意思一般长。

如岳，号松涧。据诗人非茶诗五律《寄慈溪赭山寺主僧如岳》、七律《如岳上人求赋刹鹿苑寺一览阁》可知，如岳曾任慈溪赭山寺住持，再住鹿苑寺，生平未详。诗人另有七律非茶诗《同范景山到城西墺游鹿苑寺》，说明鹿苑寺在奉化西部西墺，应与诗人家乡相近。

该诗大意为，如岳禅师惠送新茶并附诗章，诗人依韵答谢，赞美佳茗珍如龙团凤饼，引发诗兴和之。

其二为七绝《次韵鹿苑寺一览阁主岳松涧送茶》云：

> 鹿苑书来字字香，满查雀舌饷新尝。
>
> 有时独坐相思处，一鼎松风午韵长。

诗题中"岳松涧"即如岳禅师。该诗大意为：岳松涧送来新茶并附诗章，诗人赋诗答谢，赞赏诗句富有新意，墨韵书香；午后独坐，品赏佳茗，诗韵悠长。其中"夈"为储存食品或茶叶的木制或陶瓷容器，旧时有专用茶夈。

《四库全书》版《本堂集》《次韵鹿苑寺一览阁主岳松涧送茶》书影

除了上文天宁寺住持云岫，陈著还与该寺另二位僧人仁泽、宗苣有交往，如五律《次韵僧仁泽（号云梦）》三首之二云：

洒洒忘家客，相逢若有期。茶腴参道味，诗瘦出饥脾。

避俗无新计，谈空更阿谁。吾言太浪荡，休遣世人知。

该诗系诗人依韵回赠仁泽三首之二。仁泽号云梦，生平未详，据诗人五律非茶诗《似天宁寺僧仁泽》，可知其为天宁寺诗僧。该诗大意为：诗人与仁泽有缘，多次相逢，品茗论诗，说道谈心。诗人自谦语言浪荡，勿向外传。

其二为五律《似仁泽、宗苣》云：

来访寄窗师，新田雨茗期。凉生开酒量，香妙醒诗脾。

半日旧来话，古心他更谁。要知梦非梦，试问两相知。

诗题中"似"即赠。据诗人另诗《答天宁寺僧宗芑用前韵来见》，宗芑同为天宁寺诗僧，生平未详。该诗大意为：某个春雨时节，二僧到诗人家里探讨诗词，诗人以新茗招待，半日方休。

钦定四库全书

本堂集卷十一

五言律诗

似仁泽宗芑

宋　陈著　撰

来访寄臞师新田雨茗期凉生开酒量香妙醒诗脾半
日旧来话古心他更谁要知梦非梦试问两相知

答前人用前韵来谢

庄老自堪师浮生何可期空将书挂腹安得乐封脾年
事老如我岁寒交有谁偶然归不去又被若人知

与天宁寺主僧云岫对坐偶成

潇潇风雨里得得又开门两榻蕙兰壁半簷花竹村鸣
蛙藏绿暗归翼带黄昏此景少人会相看付不言

寄慈溪赭山寺僧如岳

薄俗久渝肯交心独抱孤岑千嶂外两载几行书岁
晚梅花瘦江空雁影疎相逢不相见近况定何如

《四库全书》版《本堂集》《似仁泽、宗芑》书影

七律《代吴景年次韵净慈寺主僧顿上人》二首之一。记载诗人与净慈寺住持顿上人茶事交往：

远公陶陆成千古，谁复相从过虎溪。

西隐老师虽有约，北山俗驾似难齐。

诗来日午双瞳醒，句出天心万象低。

时课家僮修茗供，松风清处坐分题。

吴景年生平未详，据陈著《一剪梅·寿吴景年》《西江月·寿吴景年》，七律《寿吴景年》《吴景年像赞》等诗词介绍，是其少时所结识的一位朋友，善书法，性淡泊，后来隐居山中，参禅悟道，著书立说。陈著在宋亡以后，也过上了归隐生活，二人交往密切，常以诗词唱和。

据光绪《奉化县志》记载，净慈寺位于县西南六十里莲叶峰下。颀上人生平未详，同时代鄞县高官、诗人郑清之，作有七律《颀上人索春间诗轴，以臂疼未能录去，姑以偈语展》。

上述与陈著有唱和的奉慈寺住持居简，天宁寺住持云岫和寺僧仁泽、宗芑，鹿苑寺如岳，净慈寺住持颀上人，陈著诗中有茶事，想必他们诗中亦有茶事，惜已散佚在历史长河之中。

雪窦寺第 46 任住持、高僧野翁炳同（1223—1302），名善来，新昌张氏子。大川普济法嗣，著有《文集》十卷，《本论》一篇，所作诗偈皆洒落有禅味。陈著作有五律《呈雪窦僧野翁》云：

> 雨屋又留连，回头七载前。同游半黄土，百感两霜颠。
>
> 睡醒茶为祟，吟清山结缘。他年北窗下，谁复对床眠。

该诗大意为，某个雨天，诗人醒后饮茶吟诗。回忆 7 年前，诗人曾与野翁一起同游，期待有缘再次茶叙。

今日雪窦寺远眺

陈著曾与宋元间著名高僧一山一宁有过交往，其七绝《似僧一宁（号一

山)》云：

> 邂逅交情云水间，茶瓯香鼎话清闲。
>
> 他年燕坐千峰上，认取一山山外山。

一宁（1247—1317），号一山，俗姓胡，台州临海人。学于天台山，后住普陀山。学识渊博。大德三年（1299），元成宗特授为江浙释教总统，赐号妙慈弘济大师。奉命出使日本，由庆元（今宁波）乘日本商船抵达博多，前往镰仓，先后住持建长、圆觉、京都南禅寺等。居日本 19 年，对日本佛教、学术、文学、书法的发展都有贡献。圆寂后，日本上皇特谥"国师"封号，并撰像赞云"宋地万人杰，本朝一国师"。有《语录》传世。

该诗记载诗人与一宁邂逅相识，茶叙交谈融洽契合，诗人期待有机会去高僧寺院拜访，末句"认取一山山外山"一语双关。

某年春茶时节，诗人与友人在西峰寺饮酒品茗，赋写七律《三月二十五日，酿饮于西峰寺，分韵得因字作》云：

> 牢穿不借踏青晨，信与林泉有夙因。
>
> 忙里偶成真率会，醉来不省乱离身。
>
> 归途西岭何妨晚，吹雨南风正送春。
>
> 烧笋煮茶须再到，一山古意要诗人。

据光绪《奉化县志》记载，西峰禅寺位于县西南七十里，唐咸通九年（868）僧卓庵建，初名西峰院。宋嘉祐年间（1056—1063）真禅师重建。治平二年（1065）改圆觉院，明洪武初改西峰禅寺，清康熙中僧通记重修。

该诗大意为：诗人与数位诗友到西峰寺饮酒赋诗，诗人分得因字韵。仲春时节，诗人心爱之茶、笋应市，家乡风物，山寺古意，需要诗人好好吟咏。

五律《到永固寺访曹约斋》云：

> 本是尘埃客，夤缘到上方。茶尝新雨味，酒吸绿阴香。
>
> 半日清风古，百年佳话长。悠悠一俯仰，我欲憩斜阳。

诗人另有非茶诗五律《游永固院》。永固寺在诗人家乡三石山丹霞洞下，今仅存遗址。据光绪《奉化县志》记载，永固教寺，县西五十里，旧名三石，唐光启初王仁绍建，名灵石山庵。宋延平间改永固院，天圣十年改寺。倒塌已久。

诗人自注曹约斋名"说"。曹说（1221—1282），字习之，号泰宇，奉化人。经学颇有造诣，著有《易解》《尚书说》《论语说》《诗文》三十卷。光绪《奉化县志》有传。

该诗大意为：某年新茶时节，诗人到永固寺走访曹约斋，茶叙半日，相谈甚欢，不知不觉间，已到夕阳西下。

本堂集卷八

蓋欣如故吟壇得共登春風吹相聚聊此寄韋冰
秃髮歸陽羨僊髩臥古藤前賢成昨夢後輩嗣誰燈傾
再用前韻謝吳竹嶠 山甫
顧慈雲禧相期元夜燈我來當赴約樓上看陳登
有客肯尋僧新吟漬剗藤交情自秋月浮世看春冰猶
到淨慈展墓次韻吳棣窓 字文可
罷心易足一醉味何長但得靜中樂村村皆洛陽
人生以類合圓本不投方家話太平舊山盟晚節香百
用前韻送酒與約齋
日清風古百年佳話長悠悠一俛仰我欲慰斜陽
本是塵埃客黍緣到上方茶嘗新雨味酒吸綠陰香半
到永固寺訪曹約齋 名説
林容自拙道目孤飛便整回頭步西園筍薤肥
年來常閉戶一動自知非坐雨詩消悶思家夢當歸山

欽定四庫全書

本堂集

名應奎

《四库全书》版《本堂集》《到永固寺访曹约斋》书影

另有三首为僧人吟咏之歌体长诗写到茶句。

其一为十韵歌体诗《登慈云阁示龄叟月峤》，其中第七韵为茶句："瀹我以茶鼎之芳茸，战我以诗笔之铦锋。"

其二为十韵歌体诗《正月二日游慈云为龄叟作》，其中第二韵为茶句："春风秋月一逢迎，菜碗茶瓯拍香鼎。"第七韵写道："我年今已七十六，师五十二亦多病。"

此二例均为慈云阁僧人龄叟所作。慈云阁今无考，估计与诗人住地相近，其二写到游该寺已经 76 岁，一般高龄老人不便远游。龄叟生平未详。

其三为十六韵歌体诗《可举长老退休于西山庵，赋西山好以送之》，其中第十二韵为茶句："樵歌渔唱如梵呗，茶约诗盟足吟啸。"

其中可举长老生平未详。据光绪《奉化县志》引《剡源志》记载：西山庵位于县西十里沙堤，应在诗人家乡附近。

《四库全书》版《本堂集》《次韵如岳惠茶》书影

族弟陈观多唱和

在陈著诗章中，有 10 多首诗题中冠有"弟观"或"观弟"的，其中涉茶诗 3 首。陈观（1238—1318），系陈著从弟，字国秀，小陈著 24 岁。宋度宗咸淳十年（1274）进士，授临安府新城县尉。重气节，入元隐居不仕。府州争迎致，率诸生以请业，观一至即谢去。著有《棣萼集》《窈蚓集》《嵩里集》。《全宋诗》存诗 8 首。

陈著与陈观涉茶和诗如下：

其一为七律《兄弟醵饮访雪航，次弟观韵》二首之一：

天女多年为散花，晚年来此寄年华。

贫因好客甘如荠，诗解醒人苦似茶。

入室漫为云作主，开窗惟许月通家。

有时得句忙题处，满壁淋漓字湿鸦。

诗人与陈观一起饮酒，酒后一起拜访好友雪航，陈观有诗，诗人和以七律。大意为诗人晚年诗、酒、茶为友，又有云月作伴，偶有诗兴，立即题写后挂于壁上，墨迹淋漓如天女散花，诗人陶醉于其中。

其二为五律《三月晦日，同弟观、侄津往宝幢，哭刑部伯求弟道。从茅山泊东林寺，弟观有诗三首，因次韵之三·坐雨》：

山泉今已矣，开落梦中花。欲哭青松墓，却留黄檗家。

眼花飞作练，心事苦如茶。造物故相阻，雨阴殊未涯。

某年三月廿九或三十日阴雨天气，诗人与从弟陈观、侄子陈津，一起去鄞县宝幢，凭吊刑部伯求之弟道公之墓，又从茅山坐船至东林寺，陈观作诗三首，诗人和诗其三。该诗格调悲凉。其中"黄檗"代指佛门，黄檗宗系佛教禅宗派别之一，宗名取于中唐时代福建福清之黄檗山。茶味苦，诗人以此形容当时之心境。

其三为七绝《弟观为众奉里神于丹山僧舍，有五绝因趁韵》云：

一入丹崖第一坳，幽然此意已有巢。

吸泉煮茗濡吟吻，洗尽人间血肉庖。

据诗人其他诗章介绍，曾多次到丹山陈观家中饮酒留诗。陈观为丹山寺请来一尊"里神"——当地尊奉之神，赋有五绝，诗人依韵作此七绝。大意为来到丹山佛地，吸泉煮茗，享用素斋，暂时远离了鱼肉等荤腥。

诗人五言十六韵《剡县次韵张兼夜月联句》，其中第十三韵亦写到"吟吻"："吟吻馋供茗，官庖贵买蔬。"

另有相关联五律《梅山醉后过丹山》云：

醉揖梅花坞，意行来佛庐。相看如夜梦，一别又年余。

话到供无粥，笑言园有蔬。杯茶出山去，拍手谢钟鱼。

　　梅山位于今尚田镇方门村，因相传汉代著名隐士梅福曾在此修炼而得名，古有梅山寺，今有梅山尊顶寺。该诗大意为：诗人在佛地梅山友人家饮酒喝茶后，路过从弟家丹山，因此留诗，说明两地相近。今未见丹山之地名。

《四库全书》版《本堂集》《梅山醉后过丹山》书影

茶酒兼爱真性情

　　陈著酒诗远多于茶诗，如上文《三月二十五日，醵饮于西峰寺，分韵得因字作》《兄弟醵饮访雪航，次弟观韵》《梅山醉后过丹山》等诗章，均为酒后赋诗，兼写茶事。其七律《酒边》，则袒露茶酒兼爱：

茶瓯才退酒杯来，酒兴浓时杯复杯。

也须留取三分醒，要带明月清风回。

茶、酒均为古代士大夫嗜好品,烟草明代才传入中国。先茶后酒或酒后饮茶,均为人们日常习俗。该诗写出了诗人饮酒有度,纵有美酒佳肴,酒饮七分,微醺乃最佳境界,留得三分清醒。末句"要带明月清风回"为诗眼,升华了诗人之人生与艺术境界,并蕴含禅意。

陈著另有十韵歌体诗《前人载酒光风霁月□醉中》,其中第八韵写到茶酒:"何妨真率存古道,杯茶盏酒会亦奇。"十韵歌体诗《后圃侍郎芍药酴醾三花竞发,戴时可载酒来同酌》,其中第八韵写到茶酒:"茶一盏,酒数卮,邀朋命友长娱嬉。"

这些茶酒诗显露了诗人之真性情。

诗人另有涉茶诗写到晚年闲居无事随遇而安之心境,如七律《偶成》写道:

> 生计何曾问有无,心安便是邵尧夫。
>
> 挽春菜奉清饕味,耐冻梅呈本相癯。
>
> 闭户茶香浮雪屋,推窗山影落冰壶。
>
> 终朝幸自无他事,忽听儿童报索租。

邵尧夫即北宋理学家、数学家、诗人邵雍(1012—1077),字尧夫,自号安乐先生。该诗写于冬日。大意为诗人在山居养老,推窗见山,茶香满室,不羡富贵,但求心安。末句"忽听儿童报索租",未知为田赋或它说,为当时赋税之记载。

六言诗《与具氏子书中(名斗纪)》,记载了诗人类似心境:

> 柴门任风开闭,茅屋尽日虚闲。
>
> 补揍(一作凑)粗茶淡饭,报答流水青山。

具氏生平未详,应为诗人文友。该诗类似小笺,向友人告知近况。

陈著同乡后辈戴表元,是宋元时代奉化文坛大家,誉为"东南文章大家",小陈著30岁,系难得忘年交,且同为爱茶人。二人多有唱和。戴表元字帅初,陈著作有七绝《次韵戴帅初觅茶子二首》,该诗将在《戴表元:剡翁自种剡翁茶》一文中介绍。

戴表元：剡翁自种剡翁茶

山从天目成群出，水傍太湖分港流。

行遍江南清丽地，人生只合住湖州。

戴表元画像

这首脍炙人口的《湖州》七绝，是历代湖州之最佳城市形象诗，前两句描写湖州地形依山傍湖，发源于天目山之苕、雪二溪，在湖州汇流太湖之自然环境；第三句"清丽"二字尤妙，极写湖州清新脱俗之美。

鲜为人知的是，该诗作者戴表元并非湖州人或曾在湖州为官者，而是宋末元初庆元（今宁波）奉化人。其另有五律《苕溪》。二诗缘于其与当时湖州籍书画大家赵孟頫友善，曾应赵氏之邀，到湖州小住。好友之深情厚谊，引发其诗兴留下杰作，尤其七绝《湖州》堪称神来之笔，成为千古绝唱。

戴表元（1244—1310），字帅初，一字曾伯，号剡源先生，又称质野翁、充安老人、剡翁。庆元奉化剡源乡（今奉化区溪口镇）榆林村人。宋末元初文学家，被誉为"东南文章大家"。7岁能文，诗文多奇语。南宋咸淳七年（1271）进士。初授建康（今南京）府教授。迁临安教授，行户部掌故国子主簿，皆以兵乱不就。元兵陷浙，避乱他郡，兵定返乡，以授徒、卖文自给。元成宗大德八年（1304），已年逾六旬，执政者荐之，除信州教授，再调婺州，以疾辞。其后翰林集贤以修撰博士交荐，不起，卒年67岁。

宋元之际，文风萎靡，帅初慨然以振起斯文为己任。时庆元王应麟、台州宁

海（今宁波市宁海县）舒岳祥并以文名
海内，帅初从而受业焉。故其学博而肆，
其文清深雅洁，化陈腐为神奇，蓄而始
发。间事摹画，而隅角不露，尤自秘重，
不妄许与。至元、大德间，东南之士，
以文章大家名重一时者，帅初而已。论
诗主张宗唐得古，诗风清深雅洁，类多
伤时悯乱、悲忧感愤之辞。今存《剡源
文集》30 卷，佚诗 6 卷，佚文 2 卷。

🌿戴表元故居水井

其墓地位于奉化区溪口镇岩头村三石岭南麓。原墓建于其卒后次年，碑刻
"戴剡源先生墓"，上款刻"至大辛亥（1311）三月丁酉日"，不幸毁于"文革"。
今墓 1986 年重修，1987 年 2 月被奉化市人民政府列为文物保护单位。

🌿戴表元墓碑

戴表元小同乡前辈师长、著名文学家、廉吏陈著 30 岁，二人系忘年交，多
有诗词唱和，均工诗文，重气节，名重一时，笔者誉之为"宋元间奉化文坛双
子星"。

友赠茶子载诗章

戴表元爱茶，据不完全统计，有涉茶诗章 13 首。前辈陈著家有茶园，家有专用茶屋，曾作诗向其求觅茶子栽种，惜原诗已散佚，只能读到陈著和诗《次韵戴帅初觅茶子二首》：

其一

新诗著意不曾疏，苦觅茶栽胜索租。

搜送坚霜千碧颗，难酬五十斛明珠。

其二

风流清苦自成家，要撷春香煮雪花。

知味不随鸿渐唾，剡翁自种剡翁茶。

该诗大意为：戴氏作诗向陈著求要茶子栽种，陈著按其韵和诗二首作答。

其一大意为：收到戴氏寻觅茶子之新诗，已准备赠送一些，其中"千颗"为泛写，说明数量较多，诗人还幽默地将茶子与明珠相比拟。

其二大意为：诗人赞赏戴氏诗书风流，重气节，屡次拒绝在元朝为官，甘守清贫，崇尚陆羽，种茶自饮。其中"春香"亦为茶之代名词；"雪花"指茶之沫，宋茶以白为佳，如宋代苏轼与司马光留有著名的"茶墨之辩"佳话：苏轼既爱饮茶又擅长书法，一日司马光问他："茶以白为贵，墨却以黑为贵；茶以身重为好，墨却以身轻为好；茶贵新，墨贵陈。人们对茶与墨的追求正好相反，而您恰好喜好这两样东西，这是为何？"苏轼巧妙答曰："上好之茶与妙品之墨都有陶然清香，这是它们共有之品德；茶与墨都坚结实在，这是它们同有之节操。贤者和君子都有共同的品德和节操，一个白皙，一个皮肤黝黑，这其实是同一个道理。

自宋代以后，溪口雪窦寺周边，包括戴氏家乡，为奉化主要茶产区，茶文化发祥地。戴氏山居适宜种茶，惜未见其原诗以及其他相关诗文，否则将有更多茶事信息。

次韻戴帥初覓茶子二首

風流清苦自成家要擷春香煮雪花知味不隨鴻漸唾

剡翁自種剡翁茶

新詩著意不曾疎苦覓茶栽勝索租搜送堅霜千碧顆

難酬五十六明珠

聞鸎

當年百囀建章宮調入新詩麗曲中老耳如今聽不入

為誰猶是咽東風

緣陰

欽定四庫全書　本堂集

安排晚景見新春

風枝雨葉細成陰掃退浮紅浪紫塵慚我老蒼留本色

本堂集卷五

《四库全书》版《本堂集》《次韵戴帅初觅茶子二首》书影

僧寺交往因缘深

戴氏诗词中，有大量关于僧人、寺院往来或唱和之作；其中 13 首涉茶诗章中，有 4 首与寺僧相关，说明其与佛教因缘匪浅。

其七律《拜袁越公墓，因游定水寺，有怀源老》云：

乃翁已作飞仙去，犹得潭潭好墓田。

老树背风深拓地，野云依海细分天。

青峰晓接鸣钟寺，玉井秋澄试茗泉。

我与源公旧相识，遗言潇洒有人传。

诗题中袁越公即袁韶，字彦淳，鄞县人。淳熙十四年（1187）进士，曾任临安府尹近 10 年。绍定元年（1228），任参知政事。卒赠少傅、太师，封越国公。其墓位于慈溪市观海卫镇解家村，在双峰山之麓，北临里杜湖。源老系袁韶孙袁洪（1245—1298），字季源。定水寺在双峰山之麓。

该诗大意为：诗人秋天前去祭拜袁越公之墓，顺道游览定水寺，钟鼓楼气势雄伟，玉井泉甘，宜于品茗，怀想袁越公之孙源公袁洪，未免令人伤感，好在事业有后人继承。

五律《游登袋寺，寺茶、笋甚佳，独无杜鹃》云：

> 苦雨忽相贷，名山难久孤。春泉新雀舌，野苑嫩龙须。
>
> 土宇钱王日，风烟释氏徒。行人逢不问，松吹自传呼。

诗题写到的登袋寺，《光绪奉化县志》记为登岱讲寺："登岱讲寺，县西四十里，唐咸通五年（864）僧元隐建，宋治平二年（1065）改登岱院，明洪武（1368—1398）初改寺，清康熙间（1662—1722）僧鸿传重建。"今寺已毁，遗址尚存，在萧王庙街道袁家呑村大雷山脚。

竹笋又称籜龙，诗中"嫩龙须"喻竹笋。该寺有泉水、茶园、竹林，诗人曾品尝该寺之甘泉、佳茗、竹笋，印象尤深，题诗其中。

七绝《九月西城无涧，同陈道士、衡上人对坐》二首云：

其一

> 仙翁面带江海色，释子口融冰雪浆。
>
> 同是西风未归客，烧香煮茗作重阳。

其二

> 巾衣三客不须同，泉石相看我亦翁。
>
> 最惜一轩秋烂熳，芙蓉池上木犀风。

诗中"西风"亦指秋风，"木犀"即桂花。某年重九，诗人与陈道士、衡上人，在某地西城无涧轩，焚香煮茗欢度重阳。尽管三人儒、释、道衣巾有别，但同为旅途归客，大家珍惜难得相聚，桂子飘香令人欢愉。

七律《送旨上人西湖，并寄邓善之》云：

> 闻说西湖也自怜，君游更傍早春天。
>
> 六桥水暖初杨柳，三竺山深未杜鹃。

旧壁草生寻旧刻，新岩花熟试新泉。

城中新友须相觅，西蜀遗儒解草玄。

早春时节，旨上人赴西湖上、中、下天竺三寺参访游览，诗人赋诗送行，并同寄邓善之。旨上人生平未详。邓善之即邓文原（1258—1328），字善之，一字匪石，人称素履先生，绵州（今四川绵阳）人。官员，元初文坛泰斗，"三大书法家"之一。其父早年避兵入杭，遂迁寓杭州，或称杭州人。历官江浙儒学提举、江南浙西道肃政廉访司事、集贤直学士兼国子监祭酒、翰林侍讲学士，卒谥文肃。其政绩卓著，为一代廉吏，文章出众。《元史》有传。著有《巴西文集》《内制集》《素履斋稿》等。

虽然该诗字面上未见茶字，但陆羽《茶经》已记载天竺、灵隐二寺产茶，山中寺院历来茶风兴盛，诗中写到"试新泉"，言外之音即以新茶试新泉。

另有五律《梅山》亦写到山寺：

梅尉功成后，安知不此来。路逢耕者问，山寺化人开。

樵陇低通海，茶村暖待雷。谈玄亦可隐，不用垦蒿莱。

梅山位于尚田镇方门村，濒临东海象山港，相传著名汉代隐士梅福，曾到此云游炼丹，因以命名。诗人初到此山，向农夫问路。其中"山寺"，说明当时已有梅山寺，今寺名为梅山尊顶寺。"茶村"说明当时这一带已经有人种茶，有茶村之名；今日尚田镇为著名茶乡，茶山面积、得奖名茶均占奉化全区首位。

今梅山尊顶寺院子内残破文物，未知年代

以茶会友记诗章

戴氏茶诗中，有多首记载以茶会友，如五律《招王奕世》云：

闻说铜山下，书屏四面开。就僧煮紫笋，共客席青苔。

铁画年俱长，霜根顶未裁。何当端午暇，一别剡乡来。

王奕世生平未详，同时代宁海著名诗人舒岳祥作有五律《送王奕世归玉塘》，能与戴、舒等著名诗人交往的，应为能诗之文士。

诗中铜山在今江口街道横里埭村，海拔 300 多米；紫笋茶系湖州名茶。诗人邀请王奕世在端午佳节，到剡乡做客品茶。

五律《次韵答应德茂雪后远寄》云：

山中不来久，何处度残年。人闷如中酒，村荒似禁烟。

将茶冰箸煮，移枕雪蓬眠。更肯狂歌否，春风双玉船。

应德茂系奉化清贫文士、藏书家，与戴氏年龄相仿，生平未详。诗人在《戊子岁晚赠应德茂》云："江海悠悠雪欲飞，抱书空出又空归。沙头竟成谁计是，山林又悔一年非。平生万卷应夫子，两世知名穷布衣。"另有《闻应德茂先离棠溪有作》等诗作，鄞州翰林院学士、诗人袁桷作有五绝《题应德茂游吴纪事二绝》。

该诗系诗人为应氏所写之和诗。大意为应氏已经很久未到诗人山居，未知晚年在何处生活。严冬雪后时节，诗人煮茶品饮。如有雅兴，有机会不妨一起饮酒放歌，畅叙思念之情。其中"玉船"指玉制的酒器。

五律《六月朔日再会，再次韵与胡氏谦避暑》云：

台屋深难暑，湖林近易风。高歌送长日，醉眼睨凉空。

雀舌纤纤碧，鸡头淡淡红。行藏数子别，谈笑一樽同。

胡谦，字牧之，号东斋，生卒未详。师事袁燮，传陆九渊之学，文学为乡党表式，著有《易说》《易林》。弟胡谊，字正之。著有《尚书释疑》十卷、《观省杂著》三十卷。兄弟文学为乡表仪。

该诗大意为：某年六月初一，盛夏到来，诗人与文友胡谦等，在一湖边别墅避暑，庭院深深，清凉怡人，文友们饮酒赋诗，高歌吟唱，不亦乐乎。席间有雀舌嫩茶，早熟的鸡头米。鸡头米指睡莲科芡属一年生水生草本植物芡实，球形浆果，紫红色，种子含淀粉，食药两用。

五律《逢翁舜咨》云：

　　相逢浑不觉，只似宛陵贫。

　　袅袅花骄客，潇潇雨净春。

　　借书消茗困，索句写梅真。

　　此去青云上，知君有几人。

戴表元撰，清黄宗羲选定、张寿镛辑，民国四明张氏约园版《剡源文集》（《四明丛书》之一）

翁舜咨生平未详，元代镇江籍寓居平江（今苏州）诗人、书法家龚璛（1266—1331），字子敬，作有五律《次张菊存韵，送翁舜咨归金陵》，得知其为金陵（今南京）人。

诗人与文友翁舜咨不期而遇，"宛陵贫"指宋代大诗人梅尧臣，号"宛陵先生"，少时家贫。戴氏回忆翁氏曾向其借书，并一起品茗，还索要吟咏汉代隐士梅福子真之诗章。这是诗人在不多的涉茶诗章中第二次写到梅福，其他相关诗作中可能还有写到，说明其对梅福较为尊崇。最后诗人自认是翁氏知音，祝愿他有朝一日青云直上，金榜题名。

浙江古籍出版社 2014 年版"浙江文丛"《戴表元集》书封

另有七言十二之长诗《送程敬叔教谕赴建平》，其中有茶句云"公堂讲罢看山坐，香鼎茶铛相劝酬""饮水茹药善自爱，岁晚相期钓沧洲"，意为提醒好友在工作之余，看看青山绿水，不忘品茗茹药，临江垂钓，注重保健，善自珍爱，字里行间充满了关爱之情。

程敬叔生平未详，同时代鄞县诗人张仲深（字子渊），作有《哀故程敬叔》，或为鄞县人士。

远游难忘家乡茶

戴氏挚爱家乡茶，或居家独饮，或请文友到山居对饮，即使在旅游途中，亦难忘家乡茶味之美，如其七律《周东乡载酒冰溪上，因游岳祠醉作》云：

> 葫芦城下草平沙，狼牙峰前溪吐花。
> 晴日路尘清野马，空林人语乱神鸦。
> 馋思火瓮生烧笋，渴爱山炉熟煮茶。
> 投老远游何所惜，为君欢坐岸乌纱。

诗中人名周东乡、地名葫芦城、狼牙峰等均未详，从"远游"字样来看，应为外省景点。诗人晚年远游，旅途中最难忘的是家乡笋味与茶饮。

七律《寒食》云：

> 寒食清明却过了，故乡风物只依然。
> 穷中有客分青饭，乱后谁坟挂白钱。
> 落魄暖春为麦地，阴沉潺雨近梅天。
> 闲情正尔无归宿，石鼎新芽手自煎。

寒食节在农历冬至后 105 日，清明节前一二日。旧时是日禁烟火，只吃冷食。相传此节源于纪念春秋时期功臣介子推。该诗描写了宋元改朝换代之后的衰败景象，好在诗人随遇而安，于家自煎新芽，乐享清闲。

七绝《四明山中十绝之二·茶焙》云：

> 山深不见焙茶人，霜日清妍树树春。
>
> 最有风情是岩水，味甘如乳色如银。

余姚市四明山镇有茶培村，亦作茶焙村。春茶时节，乍暖还寒，诗人到家乡附近茶培村采风，看到人已开始忙碌起来，或在茶山采茶，或去置办茶具，未见踪影。诗人钟情于山中泉水，赞美味甘如乳，最宜烹茶。

七律《次韵示邻友》云：

> 杜宇冈前红树低，荼蘼坡上碧云齐。
>
> 相逢欲唱谁家曲，未死还消几瓮齑。
>
> 山市焙开香雀舌，村祠鼓散醉豚蹄。
>
> 天晴作急修游事，休待春花落满溪。

该诗大意为：邻居有诗相赠，诗人依其诗韵答示。其中"荼蘼"为蔷薇科悬钩子属落叶小灌木，羽状复叶，柄上多刺，春末夏初开花。古人以"荼蘼花开"表示花事即将结束。"相逢欲唱谁家曲"句，意为诗人委婉表示邻居诗作不太合章法，未知邻居是否得到开示，多向大诗人请教。"山市焙开香雀舌"说明该诗写于春茶时节。

第四章

明、清茶事综述

与宋元时代文化名家、高僧辈出相比较，明、清时代奉化茶文化名人大家相对较少，主要有曾任奉化县令、以气节著称的明代松江华亭（今上海市松江区）籍徐献忠，其论水专著《水品》点赞雪窦隐潭水；明末奉化本土官员、诗文家戴澳，留有茶诗30首，其中《种茶歌》《种茶口号》各10首；明末清初雪窦寺第59代住持、中兴大师石奇通云茶禅诗偈，下文将专题记述。

光绪《奉化县志》卷三十六"食之属·茶叶"条记载："如雪窦山以及塔下之钊坑，跸驻之药师岙、筠塘坞，六诏之吉竹塘，忠义之白岩山出者为最佳。"岁月变迁，包括下文诗作中出现的溪口片茶叶产地，今日均已更名或不再产茶。

该志同时记载县内以"茗"或"茶"冠名的庙、庵有四处，分别为：

茗山庙，县西二十五里，过水埠头。

茶溪庙，县西七十里毛家滩，祀唐银青光禄大夫王敬玘。

茶亭庵，县东七十里大通桥西，吕氏建以施茶。

茶亭庵，县北十五里郑家埠。

其中第二处为祭祀名人之庙，第三处茶亭庵的主要功能为施茶。未知这些庙、庵建于何时，但说明当时尚存。这些庙、庵彰显出茶乡特色。

明清时代系奉化本土文士赋写茶诗人数最多之时代，并有宁波士大夫参与，综述如下。

明代鄞县籍高官、诗人陈濓（？—1474），曾到雪窦寺采茶问水，其七律《雪窦寺》诗云：

> 青山面面削芙蓉，咫尺犹疑千万峰。
> 野草逢春都是药，碧潭和雨半藏龙。
> 池开锦镜晴波阔，路入珠林暖翠重。
> 试采新茶寻涧水，一双玄鹤下高松。

该诗描写了春到雪窦山的生动景象，富有诗情画意，茶香水甘，末句"一双玄鹤下高松"动静结合，仿佛仙鹤灵动于纸上，令人神往。

人称"文章太守"的鄞县官员、诗文家张琦（1450—1530），作有同题七律《雪窦寺》，其中写到茶事：

> 春树苍茫春鸟鸣，竹舆袅袅上天行。
> 路藏幽窦千年雪，雪借深山半日晴。
> 乍入钟鼓真梦寐，相看麋鹿是平生。
> 茶铛诗卷随身转，未信招提宿未成。

诗人于春天坐着竹舆游览雪窦寺，随身带着茶铛，与僧人品茗论禅，足见爱茶之深。

奉化嘉靖八年（1529）进士王杏，字世文，号鲤湖。光绪《奉化县志》有传。为官多善政。初授山西道监察御史。十三年（1534）巡按贵州，修建阳明书院，刊刻阳明先生的文录，勘议贵州开科乡试，深受拥戴。十五年（1536）巡按山西，因属下事降为广德州判。十九年（1540）移判岳州，升扬州少府。刚毅正肃，所至称神明。二十三年（1644）再补南康。乞休。与阳明门人王畿、罗洪先、欧阳德等讲求阳明致知之学，训迪诸士。著有《按贵录》《按晋录》等，藏于家。

其五言《登南山寺》写到茶事：

秋色禅关净，登临兴独清。岩花浮法席，石髓注莲茎。

接坐无禅癖，呼茶见主情。殷勤红叶里，饷我一溪声。

南山禅寺简介见前文。该诗大意为：某年深秋层林染红时，诗人登临南山寺，寺院清幽，令人心旷神怡，品茗悟禅，溪水潺潺，引发诗兴。

1993 年以后重建的南山禅寺

明代奉化诸生周志宁，字尔谖，别号樗园，有文行。明末盗贼蜂起，偕父立本隐剡源之公棠。明亡后弃诸生，编茅以栖。光绪《奉化县志》有传记载："周志宁，字尔谖，别号樗园，上虞学博，立本子。以文行著声。时盗贼蜂起，四方扰攘，急启父曰：大人虽不膺民社，岂优游文墨时乎？因脱屣偕隐剡源之公棠。鼎革后，弃诸生。父殁，竭力襄含殓，不因贫故弃礼，享祀必蠲洁。延名宿陶甄子弟。性好客，其始笔床楚楚，花影近人，户屦常相错。至半亩樗园壁立，时客尚视为郑庄之驿。迨数楹莫蔽，编茅以栖。澹泊会心，穆然意远。三旬九食，撰造日新。卒年六十四。尝爱养金鱼，呼锡嘉名者百余头，卒之先一夕尽死。堂下桂屏为文酒佐欢处一朝零败，紫薇数本皆垂首素帏云。"著有《诗瓢五集》。作有五言诗《对镜啜茗》：

> 独啜有玄赏，其惟品茶耳。方惬孤往趣，镜影胡亦耳。
>
> 相对若主宾，辨形无彼此。不知镜中饮，色香复何似。
>
> 神领各无言，目觑逗微旨。举似汤社人，欲语还复止。
>
> 竹光来瓯中，彼或得其理。

诗人爱茶，认为对镜品茗颇有雅趣，遂赋诗纪念。镜中能看到其居有竹子，仿佛影在瓯中，隐喻诗人品格高尚。其中"汤社人"意为聚会饮茶之人。宋陶谷《清异录·汤社》记载："和凝在朝，率同列递日以茶相饮，味劣者有罚，号为汤社。"

明末清初鄞县（今属海曙区）新庄人周齐曾（1603—1671），字思沂，号唯一，学者称"囊云先生"。崇祯九年（1636）中乡试，崇祯十六年（1643）中进士。知广东顺德县，清介有守，上任才整月，就以抗朝贵拂袖而去。明亡后弃官，清顺治四年（1647）到柏坑榧树湾囊云庵尽去其发，自称无发居士，隐居20余年，终身不入城市。撰《囊云庵记》，著有《囊云文集》。乡人钦其高风，私谥"贞靖先生"。光绪《奉化县志》有传，列为"寓贤"。爱茶，曾将原剡源乡（今属溪口镇）黄坑茶树，移植到柏坑榧树湾，留有五言诗《过黄坑，移茶植囊云》：

> 路幽人不涉，谁话一峰明。时时渴煮茶，但闻铛自声。
>
> 胜于齿牙慧，更喜心神清。索居赖由此，将与为平生。
>
> 山之所不足，人可力生成。出壁荷锄往，草草拨露行。
>
> 湿露半衣屐，未寒凉思盈。归来满苍翠，植之以微诚。
>
> 我心先树根，浅深土中迎。田硗勤作地，汁叶佐香秔。
>
> 学农苦衰年，兼以代躬耕。

诗题中"囊云"在柏坑村。柏坑为千年古村，村中净慈寺初名仁王院，始建于唐乾符六年（879），至今已有1100多年历史。宋治平二年（1065）改净慈院，明洪武初年改为净慈寺，民国时期，林森游览净慈寺之后，题写"佛国有缘"四字，今寺2001年重建。戴表元曾在当地筑庐，作有《柏坑》诗，元明时期临海籍诗人陈基、著名苏州诗人高启作有同题诗。

该诗先写茶之功效，除了解渴，可以坚固牙齿，令人神清气爽；次写晨露之时去黄坑挖掘茶树，移栽到囊云。诗人以欣喜之情，乐于晚年学农，躬耕种茶，以供招待文友和自用。

周氏住囊云时，曾有盗贼光顾，被掳家居，有七言诗《囊云被掳家居，谢友人惠灌顶茶》记载其事：

> 不随云卧即云游，云亦无予不解愁。
>
> 剑戟倏飞山鬼哭，披缁返鞿红尘宿。
>
> 屋低招不到云来，空梦回溪碧几堆。
>
> 感君龙团自灌顶，炉烟湿处寒光迥。
>
> 须臾屋底万峰尖，予魂云魂冷欲黏。
>
> 但余寸寸肠犹热，还奉君烹数斗雪。

友人知其爱茶，落难之时送来鄞县灌顶山（今海曙区龙观乡境内）所产灌顶茶，欣喜之余，赋诗致谢。

另有七言十二韵长诗《囊云漫兴》，其中第十一韵为茶句："种到竹无酒自醉，煮来茶得水偷香。"

清初奉化文士唐文献，字翌周，号柱隐。康熙十一年（1672）岁贡。生平未详。著有《竹窗集》。其七律《暮春》诗写到茶事：

> 忍将老眼看韶华，桃李无言日月赊。
>
> 晚白菜肥蚕出火，冬青花落燕成家。
>
> 煮茶汤沸风声转，梦草诗成日影斜。
>
> 零落残红春思寂，故园风物足桑麻。

暮春时节，诗人诗稿集成，煮茶庆贺。其中"蚕出火"系养蚕术语，早春为

柏坑村千年连体古樟，俗称夫妻樟，据传为当地净慈寺开山方丈所植，至今已有1100多年，2015年被评为浙江省最美古樟

提高室温，蚕室会放置火盆，蚕三眠时则须凉爽，去火盆，故俗名三眠为出火。

清初奉化文士戴昆檽，字二芄，号莱庭。生平未详。著有《蓉舫集》，民国十九年（1930）中华书局出版的《四明清诗略》收有其诗，宁波出版社2015年出了该书点校本。其五言诗《秋日山庄》记有茶事：

> 秋获看盈室，山家味更长。
> 石炉新芋熟，水碓晚秔香。
> 酒酿黄花美，茶烹白乳良。
> 丸泥封谷口，果腹有余粮。

诗人以欣喜之情，描写秋日山区丰收景象：炉煨新芋飘香，水碓晚稻登场，农家喜酿美酒，诗人喜烹佳茗。其中"丸泥封谷口"语出《后汉书·隗嚣传》："元请

宁波出版社2015年版《四明清诗略》书封

一丸泥，为大王东封函谷关。"诗句形容地势险要，只要少量兵力就可以把守。丸泥：一点泥，比喻少；封：封锁。借喻山庄偏僻静谧，勤劳山民足以自给自足。

清代乾隆年间（1736—1795）奉化文士毛润，号萝窗，乾隆初诸生，生平未详。作有《石门竹枝词六首》，其中有茶诗一首：

> 马陆坑茶真个良，兰花颜色茉莉香。
>
> 风炉瓦鼎清宵煮，呼取邻家阿姆尝。

石门村位于溪口镇西南部山区。诗人赞美当地马陆坑出佳茗，色如兰花，有茉莉香味，未知地名尚存否。

清代奉化诸生莫矜，字黎舫，一字瀛止，生平未详。有诗文稿二卷。其《游天童、灵峰诸寺》（四首选一）写到茶事：

> 古庙笙歌会赛神，檀炉茶灶杂香尘。
>
> 便从太白山村过，购得龙团几两银。

诗人到鄞县太白山天童寺和原镇海今北仑灵峰禅寺旅游，看到寺院供奉茶饮，还花银子数两，在太白山村购得仿古制作的龙团茶。

晚清奉化文士周步瀛，字丹洲，道光十六年（1836）恩贡，生平未详。爱茶，已发现茶诗3首。一为《采茶曲》二首：

> 其一
>
> 石竹围边毛竹遮，二茶才过又三茶。
>
> 如何城里垂髫女，晓起妆成但采花。
>
> 其二
>
> 谷马坑前水一湾，白龙洞口屋三间。
>
> 阿婆昨日天童去，茶味何如太白山？

其一是说山村姑娘二茶三茶连着采，不像城里姑娘只采鲜花不采茶。

其二记载谷马坑、白龙洞均为茶产地，昨日采茶阿婆去过天童寺太白山，不知是否做过比较，茶味何处更好？

二为涉茶诗《西寺（象山等慈寺）》：

> 冷落怜西寺，当门塔影圆。佛参修竹里，僧卧落花前。

> 小憩袈裟地，闲寻妙喜泉。新茶聊试味，早觉俗尘蠲。

诗人新茶时节去象山西寺（又称等慈寺）旅游，看到佛塔、修竹，惜香火冷落，幸有妙喜佳泉烹煮新茗，顿觉尘心洗尽，烦恼全消。

晚清奉化城内文士孙事伦（1758—1835），号彝堂，一号竹湾，师事蒋学镛，得传承全祖望之学。嘉庆三年（1798）登乡荐，以亲老辞，掌教锦溪书院，尤留心乡邦掌故，著有《竹湾遗稿》等。光绪《奉化县志》有孙事伦传。作有五言诗《赋奉化土物九首·南山茶》：

> 东岭栖霞满，南山宿雾深。春雷碾远谷，瑞草展同岑。

> 采获枝枝嫩，烹回朵朵沉。闲来好味淡，潇潇动清吟。

奉化茶文化自宋代见诸文献以来，文献出处和茶叶产地均以雪窦寺和溪口片为主，当代奉化茶产业以南山茶场、安岩茶场、雨易山房等尚田片为主，该诗是奉化已知文献中，首篇描绘南山茶之诗篇，颇有意义，说明晚清时期南山茶已经著名，品质优异。南山茶场今为区示范茶场之一。该诗描写南山茶场山高多云雾，茶香味浓，饮之引发诗兴。该诗为已发现最早吟咏南山茶之诗。

清代末年民国初年，安徽旌德人江志伊（1859—1929），字莘农，官员、农学家、教师。自幼随父在浙江奉化读书。19岁补生员（秀才），后回到旌德。光绪二十四年（1898）进士，授翰林院编修，顺天乡试同考官，补贵州思南知府。后分别任教于安徽芜湖第二农业学校、省立第五中学。晚年在旌德创办学堂，在江村创办公立养正初等小学堂，设有男女两部，是旌德县开办女子学堂的开始。著有《沈氏玄空学》四卷、《农书述要》十六卷（包括《种棉法》《种竹法》《种烟法》《种蔗法》《种茶法》等16种，现藏国家图书馆）、《荒政辑要》等。

《种茶法》为《农书述要》十六卷之一，刊于清光绪年间，全书分12个章节，分别为《总论》《辨土》《选种》《播种》《施肥》《培养》《去害》《采撷》《烘制》

今日奉化南山茶场美景

《储藏》《烹煎》《计利》。这是清代一部颇为详备、比较全面的茶叶技术专著，其不仅阐述了中国传统茶叶种植、制作、储藏技术，还用大量篇幅介绍了日本、印度、锡兰（今斯里兰卡）等国植茶技术，很有参考价值。但中国历代茶书目录，包括当代多种茶书集成或茶文化辞典，均未收录或介绍此书。

　　江志伊对养育他的第二故乡奉化，存有感恩之心。

徐献忠《水品》点赞雪窦隐潭水

水为茶之母，无水难论茶。论茶必懂水，论水尤精茶。尤以晚明江苏昆山戏剧家、文学家张大复（1554—1630）说得最透彻："茶性必发于水。八分之茶，遇水十分，茶亦十分矣；八分之水，试茶十分，茶只八分耳。"

"茶圣"陆羽《茶经·五之煮》记有"山水上，江水中，井水下"的总论述，曾作《水品》，惜散佚。稍晚于陆羽的高官、学者张又新，在史上首篇论水名著《煎茶水记》中，曾记李季卿笔录陆羽把天下之水，品第为二十等：

庐山康王谷水帘水第一；无锡县惠山寺石泉水第二；蕲州兰溪石上水第三；峡州扇子山下，有石突然，池水独清冷，状如龟形，俗云虾蟆口水，第四；苏州虎丘寺石泉水第五；庐山招贤寺下方桥潭水第六；扬子江南零水第七；洪州西山西东瀑布水第八；唐州柏岩县淮水源第九（淮水亦佳）；庐州龙池山岭水第十；丹阳县观音寺水第十一；扬州大明寺水第十二；汉江金州上游中零水第十三（水苦）；归州玉虚洞下香溪水第十四；商州武关西洛水第十五；吴淞江水第十六；天台山西南峰千丈瀑布水第十七；郴州圆泉水第十八；桐庐严陵滩水第十九；雪水第二十（用雪不可太冷）。

但此说存疑，一是陆羽《茶经》未曾说起，二是陆羽认为瀑布水不宜用，其《茶经·五之煮》中写道："其瀑涌湍漱，勿食之，久食令人有颈疾。"意为像瀑布般汹涌湍急之水不要喝，喝久了会使人的颈部生病。这与张氏所记陆羽品第二十等水中，有两处瀑布水之说相悖，权当是李季卿之说伪托陆羽之口吧。

张又新《煎茶水记》之后，历代论水著作不少，如宋代叶清臣《述煮茶泉

清泚芳洁隐潭水

品》、欧阳修《大明水记》、明代真清《水辨》、田艺蘅《煮泉小品》等。曾任奉化县令的明代以文章气节列为"四贤"之一的徐献忠，其论水专著《水品》具有重要地位。

徐献忠（1483—1559），明松江府华亭（今上海市松江区）人，字伯臣，号长谷。嘉靖四年（1525）举人。屡应会试不第。嘉靖二十年（1541）官奉化知县，治理有方，政先厘弊，约己惠民，节用平税，减役防水，增学官之田为膏粥费。重气节，嘉靖廿二或廿三年辞官。光绪《奉化县志》载："故人守宁波，用手版相临，笑曰'若以我不能为陶彭泽耶'，即日弃官归。"大意为，时有旧交知宁波，以手版（旧时官吏上朝或谒见上司时所拿的笏）相召。徐氏感到老友一阔脸就变，不发公文或书信，高高在上，竟以手版召他去拜谒。感觉被老友轻视，他笑而自语道："难道以为我不能像陶渊明那样不为五斗米折腰吗？"当天即弃官归家。

徐氏谢政辞官后居吴兴，整治旧庐，修建梅圃，藏书、读书于其中。与何良俊、董宜阳、张之象俱以文章气节名，时称"四贤"。工诗善书。77 岁去世，王世贞私谥其为"贞宪先生"。其诗冲澹无累句，著书数百卷，辑有《唐百家诗》，著有《吴兴掌故集》十七卷、《水品》上下卷、《乐府原》十五卷、《金石文》七卷、《六朝声偶》七卷、《长谷集》十五卷、《读单锷水利书》等。另据黄虞稷《千顷堂书目》记载，其编撰有《华亭徐氏书目》一卷，今已佚无考。

《水品》成书于嘉靖三十三年（1554），是一部系统性论述水品之专著。全书6000 多字，分上下两卷，上卷概述水之源、清、流、甘、寒、品等；下卷分述了包括泰山诸泉、京师西山玉泉、济南诸泉、庐山康王谷水、扬子中泠水、无锡惠山寺水、雁荡龙鼻水、顾渚金沙泉等全国 37 地名泉好水。其中《四明山雪窦岩上水》名列第二十六，内容如下：

《水品·四明山雪窦岩上水》书影

四明山巅出泉甘洌，名四明泉上矣。南有雪窦，在四明山南极处。千丈岩瀑水殊不佳，至上岩约十许里，名隐潭，其瀑在险壁中，甚奇怪，心弱者不能一置足其下，此天下奇洞房也。至第三潭水，清泚芳洁，视天台千丈瀑殊绝尔。天台康王谷，人迹罕至；雪窦甚闷，潭又雪窦之闷者。世间高人自晦于蓬藋间，若此水者，岂堪算计耶。

这是在已知历代文献中，宁波唯一被列入论水著作的著名泉水。因缘是爱茶识水的作者徐献忠，曾在奉化治县三年，品尝过雪窦诸水，将一份挚爱倾注于《水品》著作中。

这段文字的大意是：四明山多甘洌泉水。山之南极有雪窦诸水，其中千丈岩瀑水殊不佳，距其上方十里左右，险壁中有上、中、下三隐潭，此处胆小恐高者不宜登攀。尤其第三潭，清泚芳洁，清洌甘美，比天台千丈瀑水更好。天台康王谷人迹罕至，雪窦已属隐秘，隐潭更为隐秘。很多高人自以为知水懂泉，其实未曾品鉴过各地好水，而是在草木之间高谈阔论，坐而论道。未尝此等好水，焉能评论优劣耳。

徐氏对雪窦隐潭水赞赏有加，认为优于遐迩闻名的天台千丈瀑和康王谷水。其中"清泚芳洁"系徐氏独创词语，少有人以芳香形容泉水的，极言水之甘美。

风光优美、峭壁险峻的三隐潭之一

名家作序、入诗

《水品》刊印时，钱塘（今杭州）籍文学家、《煮泉小品》作者田艺蘅（1542—？），为该书作序云：

余尝著《煮泉小品》，其取材于鸿渐《茶经》者，十有三。每阅一过，则尘吻生津，自谓可以忘渴也。近游吴兴，会徐伯臣《水品》，其旨契余者，十有三。缅视又新、永叔诸篇，更入神矣。盖水之美恶，固不待易牙之口而自可辨。若必欲一一第其甲乙，则非尽聚天下之水而品之，亦不能无爽也。况斯地也，茶泉双绝；且桑苎翁作之于前，长谷翁述之于后，岂偶然耶？携归并梓之，以完泉史。

嘉靖甲寅秋七月七日，钱唐田艺蘅题。

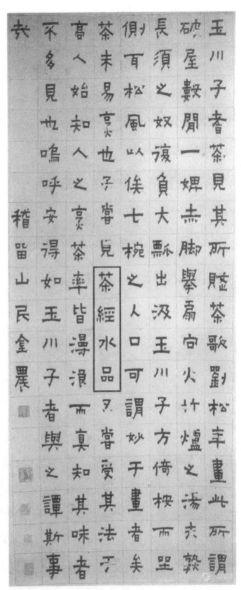

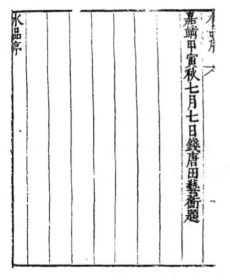

🍂 田艺蘅《水品序》书影　　🍂 金农《玉川子嗜茶》书帖

　　该序作于《水品》成书同年嘉靖甲寅（1554）秋七月七日。作者自认为《煮泉小品》十分之三取之于陆羽《茶经》，《水品》十分之三与自己所想相契合，优于张又新《煎茶水记》和欧阳修《大明水记》，并将之与陆羽《茶经》相提并论，评价极高。其中"永叔"为欧阳修之字,"鸿渐""桑苎翁"分别为陆羽之字号。

同样将《水品》与《茶经》相提并论的,还有清代"扬州八怪"之一、著名书画家金农(1687—1763),字寿门,号冬心、稽留山民等,其著名的《玉川子嗜茶》书帖,并提《茶经》《水品》:

> 玉川子嗜茶,见其所赋茶歌,刘松年画此,所谓破屋数间,一婢赤脚举扇向火。竹炉之汤未熟,长须之奴复负大瓢出汲。玉川子方倚案而坐,侧耳松风,以候七碗之入口,而谓妙于画者矣。茶未易烹也,予尝见《茶经》《水品》,又尝受其法于高人,始知人之烹茶率皆漫浪,而真知其味者不多见也。呜呼,安得如玉川子者与之谈斯事哉!稽留山民金农。

可见,《茶经》与《水品》,在作者心目中均有重要地位。

隐潭求雨记诗章

在徐献忠存世不多的诗作中,笔者检索到3首与泉水、瀑布相关之作,可谓三句不离水,足见爱水之深。

旧时无法人工降雨,遇到特殊干旱年份,很多县令会入乡随俗,到高山水潭祈求龙君显灵,普降甘霖。徐献忠五言诗《隐潭祷雨有感(并序)》,记载其嘉靖廿一年(1542)八月季夏,任奉化县令时,到隐潭求雨之经历:

> 壬寅季夏,奉人苦旱,予以职事祷诸龙君,献礼甫毕,即白云一缕起峡中,上贯苍漠。须臾大雨,从者急趋,已都沾湿。一雨二日,远近沾足,殆奇惠也。诗以颂之:

> 危峰裂地轴,层岫疏天根。行云出洞壑,挂壁生氤氲。
> 下有龙子宫,深居无垢氛。瀑水垂作帘,飞泉溜成文。
> 瑶华喷空起,霰雪迷人群。元气激奔壑,轰雷走无门。
> 寒冬捣冰柱,急峡泻流琨。地灵忘息机,悬崖如缀轮。
> 我来祷其巅,自把萝葛扪。下探窟中物,鼾睡如蟠鳞。
> 飞涎洒衣裾,湿雾走纶巾。仰盼两绝壁,垂枝息流云。

危崖俯欲坠，径石歆且蹲。战慄不可留，摄衣走嶙峋。

登高息未定，龙气随熏蒸。初然迷斗壑，忽而升天阍。

急雨生三宵，盲风驱人神。迓客理或有，超灵吾未闻。

元神倏已寂，惠施渥且匀。山氓动欢喜，合手谢苍旻。

瀑水、飞泉、瑶华、霰雪、冰柱、流琨、飞涎、湿雾……诗人以诸多词语描写或形容隐潭水元素，虔诚祈祷上苍怜悯，龙君显灵，降下甘霖，以解旱情。巧合的是，求雨仪式刚过，须臾下起瓢泼大雨，还一日二雨，奉郡旱情得以缓解。求雨经历无疑加深了作者对隐潭之好感。

今上隐潭建有龙王庙，历史上应该有当地官方或民间无数次到此祈祷求雨。

雪窦山上隐潭龙王庙

宋元奉化籍著名文学家陈著，曾作七律《隐潭诗》记述龙潭求雨事：

何神击破陇头岩，尽束溪流下碧潭。

潭底有龙能变化，好将霖雨活东南。

徐氏另一首七律《竹隐轩》云：

> 山居萧爽拥琅轩，渐渐清风六月寒。
>
> 宝地只宜青锁闭，冰泉如隔翠帘看。
>
> 诸天旌节环猊座，镇日烟霞护石栏。
>
> 海上六鳌容我钓，可容持赠一长竿？

酷暑六月，作者在一处名为竹隐轩之山居避暑，隔帘可看到汩汩冷泉，这令好水的诗人非常惬意，突发奇想，能否赠以长竿去东海六鳌垂钓？

一次，徐献忠去西晦与曹新昌议民事，作有五律《自小晦至西晦与曹新昌议民事》，其中写到朝雨、溪声、云气：

> 行县淹朝雨，盘山转路迟。溪声连壑起，云气并峰移。
>
> 候鸟催耕急，梯田贴石危。农官方在野，端为有年期。

正是春耕时节，诗人以农官自喻，期盼在有限的任期内，造福一方，风调雨顺，百姓安康。

戴澳十咏《采茶歌》

晚明奉化官吏、诗人戴澳（约1578—1644），据不完全统计，分别作有《采茶歌》《采茶口号》各十首，另有《种茶》、与诗友唱和竹枝词等十首，系资深爱茶人与咏茶诗人，在雪窦山过云筑有山庄，拥有私家茶园，并有采茶、制茶实践。

据光绪《奉化县志》记载："戴澳字有斐，号斐君。城内人。自幼嗜学，不事生产。寓情觞咏，落笔千言立就。万历四十一年（1613）进士，归侍色养，经年乃出。授虞衡主事，迁副郎，晋铨部稽勋司员外郎。朗识精鉴，所储夹囊皆当世伟人，甫署选，而名卿硕抱一时涌出。旋以稽勋郎中假归。未几，逆珰魏忠贤专政，举朝若沸，殄瘁之惨，宇宙为空。然后知其超然知几也。家居十有一年，权珰授首，复出转考功郎，受事甫三月，又以直道忤乌程、阳羡二相，即拂衣出都门。太宰李长庚三疏留之不报。旋起南铨转尚宝丞，再转大理丞，迁顺天府丞。

星变陈言忤时获谴，遂脱然归。通仕籍者三十年，在朝每不数月，屡仕屡黜。归里年余，忧时炱炱，遂感愤以卒，年六十七。时朝议以边抚起之，咸惜未竟其用云。所著有《杜曲集》《丰干集》行于世。"

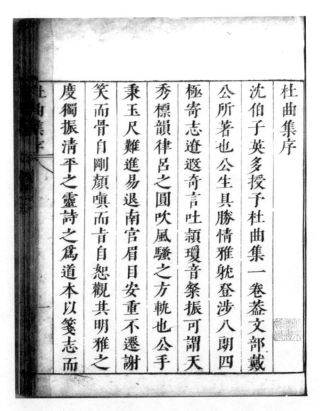

明崇祯刻本《杜曲集》书影

戴澳家资巨富，史载其田粮赋税一度占到奉城一半左右，却为官不仁，为富不仁，尤其是娇惯儿子，横行乡邑，怙势不输赋，最终被革职查办。归里之后，郁郁而终。谈迁《国榷》中记载了其被两次除名史实：天启五年（1626）十二月，南京通政使魏时应、前吏部稽勋郎中戴澳除名；崇祯十二年（1639）六月，张三谟、戴澳为大理左右寺丞；崇祯十二年（1639）七月，戴澳为顺天府丞；崇祯十三年（1640）五月，顺天府丞戴澳除名。

《杜曲集》乾隆朝被列为禁毁书籍，未编入《四库全书》，导致该书流传甚少，或与戴澳为官不仁有关。书因人毁，殊为可惜，期待奉化文史界将该书作为历史文献，早日整理再版。

爱茶成癖，在过云芳杜洲种茶栽竹

戴澳作有五言八韵《种茶》诗，自云爱茶成癖，尊崇卢仝玉川子，雅好陆羽《茶经》：

酷有玉川癖，雅快桑苎经。芳洲两溪水，品可当中泠。

溪上山宜茶，雾气清且灵。胜流遗佳种，远香到岩扃。

薙草火其土，林表长烟青。膴膴覆霜实，粒粒含春馨。

根荄托地德，风雪辞天刑。只待雷雨发，时共蛰龙听。

🍃雪窦山至四明山过云一带美景

唐代著名《七碗茶歌》作者卢仝号玉川，在茶文化界，影响力仅次于陆羽，被誉为"亚圣"。"茶圣"陆羽别号桑苎翁，桑苎经借指陆羽《茶经》。

芳洲：亦称芳杜洲，系诗人在奉化隐居之所，其地当在过云一带。戴澳《鹿源纪事》云："余以五月七日种竹芳杜洲。……洲之东山故名茅洞，有泉源焉，遂辟其榛莽，加以疏导。……余藉草独坐，忽闻荟翳中有籁籁声，众皆惊顾，则文鹿步于翠微，若素与人狎者。……因思辟支佛住处常有野鹿栖宿，遂名其地为鹿野苑。余即以名兹山为鹿源。"其中"支佛"即长期在四明山一带修行的东晋高僧支道林。

戴澳文友黄允交《评较戴斐君先生杜曲集序》云："乙亥春，斐君先生招入四明雪窦山庄，历采名迹，既返芳洲，出囊中藏草，手自裁削，属允交评定。"

与《种茶》诗相关的，另有《同孙鸿羽、周长卿春日入过云庄，各赋竹枝词二十首》（选三首）：

> 送客东探仗锡霞，先愁厌客是僧家。
> 山心片石应生眼，莫是都来索笋茶。

> 最是平头茶出迟，直过谷雨怒含枝。
> 山童山女分头采，正值人趋笋厂时。

> 自做新茶自煎尝，兰花色带末罗香。
> 更令天下泉无品，石罅当轩迸玉浆。

此诗作于崇祯九年（1636）。诗题中孙鸿羽生平待考。据戴澳《叙孙鸿羽借竹楼诗草》记载，孙为鄞县"布衣诗人"内阁首辅沈一贯叔父沈明臣高足，工诗，有《借竹楼诗草》。

周长卿即周立本，字三峨，奉化城内人。受业于鄞县籍教谕、诗人、官至涪州知州的王嗣奭（1566—1648），曾任上虞训导，著有《易学缵言》等。明清交替，盗贼蜂起，与子志宁隐居剡源公棠。光绪《奉化县志》父子有传。《剡源乡志》卷十八录有周立本《春日偕孙鸿羽入戴有斐过云庄，各赋竹枝词》诗云：

> 煮笋南起归路迟，茶烟犹自出林西。
> 村姑辣手遥相詈，隔水牛羊风雨迷。

该诗描写了仲春时节，山村煮笋炒茶的繁忙景象。

长卿子志宁亦有茶诗，见上文介绍。

戴澳另有《小重山·送周长卿客海陵》云："杜若洲边十四春，栖迟无一日不同君。从今孤兴伴闲身，征棹远，门掩两溪云。"

山心片石即当地景点屏风岩，石上镌刻四个隶体大字："四明山心"。位于今海曙区章水镇杖锡村。末罗即茉莉。

该诗第一首写到最愁僧家索新茶，说明当时有僧人化缘索新茶之风俗。"自做新茶自煎尝"说明诗人曾参与制茶。

位于今海曙区章水镇杖锡村"四明山心"景点

戴澳作有《鸠花谷杂咏十首限韵》（选三首）：

其一

且喜林莺初出，只愁山雨还仍。香茗乳花凝雪，幽阁玉壶贮冰。

其二

菜迟戴花迎夏，麦短翘芒未秋。溪女也嫌蓬鬓，不惜卖茶买油。

其三

当午暑衣犹薄，都忘春月经三。岭上草黄未变，茶烟为抹新蓝。

诗句描写了春夏时茶乡景致，其中写到村民为卖茶买油之生计。

咏过春夏茶乡，诗人又作《郊居秋兴》十首，其中之五写到茶事：

> 浮海于今亦畏途，山中片地当乘桴。
>
> 人家相近皆渔父，租税无多亦水奴。
>
> 种树已欣秋得实，著书聊与古为徒。
>
> 清风明月时同社，酒白茶铛自不孤。

诗人秋日在山庄，看到栽种的果树已挂果，清风明月，读书著述，茶酒相伴，好不惬意。

赋写《采茶歌》《采茶口号》各十首

戴澳先后作有《采茶歌》《采茶口号》各十首，其中七言诗《采茶歌》十首云：

其一

春来无事不关人，莺语初调雀舌新。

移树种花刚欲了，心情又注鹿源春。

其二

箐盖山头初种茶，尺枝也发雨前芽。

含春正在当心瓣，莫有春风逗岁华。

其三

雪霜不损来年枝，又是惊雷破荚时。

黏指新香挑眼绿，茂陵消渴正相思。

其四

天色新晴宿雾干，春经浣出带余寒。

喜他姑洗存真气，别作灵芽一种春。

其五

谢豹花开梅子粗，农时蚕月并相驱。

忙中博得春多少，肯与人间唤酪奴。

其六

子规相应两山青，一掬盈来意未盈。

手自种茶还自采，幽人经济亦分明。

其七

微日温风趁好天，头茶采尽二茶连。

春光向尽春方饱，何必清明谷雨前。

其八

少女风深茶味雌，更防临采湿岚窥。

海云一片压林黑，合是倾筐暂置时。

其九

茶因再摘已惊稀，搜索空枝下手迟。

莫似官租科到骨，民间无地可存皮。

其十

艳曲江南重采莲，艳情不到白云边。

春风入谷时成韵，谱作茶歌当管弦。

奉化茶园美景

该诗当为诗人自营茶园采茶之写照。

上文写到鹿源由诗人命名，在芳杜洲。"惊雷破荚"引自白居易《白孔六帖》卷十五"惊雷荚"条引《蛮瓯志》云："觉林僧志崇收茶三等，待客以惊雷荚，自奉以萱草带，供佛以紫茸香。赴茶者以油囊盛余沥归。"

"茂陵"代指西汉司马相如，其病免后家居茂陵故名。

"姑洗"指农历三月。汉班固《白虎通·五行》："三月谓之姑洗何？姑者故也，洗者鲜也，言万物皆去故就其新，莫不鲜明也。"

"谢豹花"为杜鹃花之俗名。

"酪奴"为茶之别名。南北朝时，王肃初到北魏时，保持饮茶习惯，后入乡随俗，同时饮用酪浆，当主子让他将二者对比时，其为讨好主子，竟称茶为酪奴，即酪浆之奴婢。

戴澳另有五言诗《采茶口号十首（戊辰年）》云：

其一

建渚限五岭，顾渚亦千里。芳洲自有春，只隔两溪水。

其二

东山受西风，西山受东日。东山寒未芽，西山煖先苗。

其三

沙石拥共根，梅竹荫其枝。那得不清香，岩暴复洒之。

其四

山色招新霁，林芳受晚春。逶迤入深谷，不异采芝人。

其五

鸟声青嶂深，屐迹白云断。七碗未曾尝，五烦已消散。

其六

微雨洗浮岚，轻风疏浊雾。叶叶含太真，枝枝掇灵素。

其七

世人徒啖名，何曾具鉴赏。茶经文字魔，空为陆羽赚。

其八

汝有色香味，我有眼鼻舌。肝膈总相知，醒醉俱难别。

其九

不受人间渴，蚤澄方外心。何因有茶癖，正欲佐书淫。

其十

采采不能冥，翛然谢尘坌。一丘长可安，吾当以茶隐。

此诗作于崇祯元年（1628），为芳洲种茶而作。

诗人自言爱茶爱书，旧时称嗜书成癖、好学不倦者为"书淫"。"茶隐"指在茶山隐居，古代爱茶士大夫向往的休闲生活，如清代官员、经学家阮元，只要条件允许，每逢生日，便到茶山茶隐休闲一天。诗人希望晚年能在山庄安享晚年，过上茶隐生活。

茶词二首

戴澳另有茶词二首，一为《梅花引·春晚缘流红涧，望锦枫岗坐石品茶》：

野外闲，水声边，一派红香三月天。屐痕连，屐痕连，霞被断岗，还疑枫锦鲜。茶铛安向矶头石，茶瓯分得春潭碧。隔溪烟，隔溪烟，催暝入楼，醉茶人未还。

该词大意为，某年晚春时节，词人到被红枫等植物染红的流红涧景点，远眺锦枫岗景色，坐于石上品茗，直至黄昏，才徐徐而归。流红涧、锦枫岗等地名，今已不存。

另一首为《山花子·楼瞰》：

楼瞰寒塘古木横。幽禽时对小窗鸣。柳外何人停短棹，理渔罾。

旧雨不来门书掩，疏篱新剪竹枝平。茶鼎白沙泉正熟，听松声。

该词写于寒冬时节。窗外有鸟儿鸣叫，诗人在山居楼上俯瞰，看到溪中有小船渔夫在捕鱼，刚剪修竹篱笆，松涛随山风飘来，诗人以白沙泉水烹茶待饮，岁月静好。

遗憾的是，诗人多首茶诗都描写了惬意人生，但晚年终因被罢官而郁郁不得志，最后在忧愤中辞世，著作也因禁毁而被世人淡忘。未能像同乡爱茶前辈陈著、戴表元那样德才兼备，名重文坛，被邑人引以为荣。这不得不说是人生之悲哀。

石奇通云：寻常茶饭亦是禅

雪窦寺第59任住持石奇通云禅师，是重建雪窦寺的一位重要人物。明崇祯十六年（1643），奉化人胡乘龙在雪窦寺据寺领导农民起义，寺院遭兵火，第四次被毁，缺少高僧住持。石奇时任天台景星岩净居禅寺住持，是年冬天，经奉化乡绅士再三延请，于次年清顺治元年（1644）出任雪窦寺住持，受命于危难之时。其住于茅棚之中，率领僧众艰苦奋斗，鼎力重建，寺院重光，被称为雪窦寺中兴之师。

石奇通云禅师（1594—1663），俗姓徐，娄东（今苏州太仓）人。少时家境贫寒，体弱多病，10岁丧父，早年出家。聪

六十八世石奇通雲禪師

🍵石奇通云禅师画像

慧好学，终成正果，成为一代高僧。历住灵鹫禅寺、天台景星岩净居禅寺、兴化普润禅院、永嘉头陀山密印禅寺等，终住雪窦寺18年，圆寂后建塔于妙高台。

摄于晚清1906年的雪窦寺残破六角施食台，雕刻精致

石奇著有《灵鹫语录》《景星录》《雪窦全录》等，后人辑为《雪窦石奇禅师语录》十五卷。

寻常茶饭蕴禅理

石奇《语录》中有诸多茶禅公案，多次说到寻常吃茶、清茶淡饭皆有禅意，如下所述：

晚参。寻常吃茶，山僧未尝不说话。今晚说话，便唤是茶话。茶话说话，初无有二，唯人妄计执着，故有差殊。所以寻常日用中，法法头头总是触途成滞，那里得自在去？大众不可道，山僧寻常二六时内，并不为我们说佛、说法、说禅、说道，又不教我们参话头、做工夫，如何若何。总拈一条拄杖，是也打，不是也打，不喊便骂。要我们挑柴担米，运土搬砖，不顾我们通身汗雨，亲近善知识，着甚要紧。

今晚居士设茶供众，毕竟为我们说禅，道佛法奇言妙句，令我们有个会处解处，一夏以来诚不空过。若作与么见解，莫道吃他果子，便是水也消不得。不见德山道，我宗无语句，亦无一法与人么。山僧岂肯开着两片皮，鼓些粥饭气，埋没汝等，涂污汝等，轻欺汝等。然又不可道，既无言句，又无一法，便无佛无祖，无因无果，无是无非。一向无将去者，便是永嘉大师道底豁达空。拨因果，莽莽荡荡招殃祸，大可怖畏，又不可闻，山僧与么道，便乃休去歇去。一念万年去，万年一念去，抱个死话头，等个会处。唤作黑山下鬼窟里，是守古墓底魂灵，直到驴年去，未得究竟在。既然，毕竟如何向你们道，山僧者里也无毕竟，亦无无毕竟。若是个英灵汉子，与么不与么，才闲举着剔起便行，略较些子。

不然，山僧再举个古人公案向你们听：昔日赵州和尚问一僧云："曾到此间么？"僧云："曾到。"州云："吃茶去。"又问一僧："曾到此间么？"僧云："未曾到。"州云："吃茶去。"院主便问："和尚为什么曾到吃茶去，未到亦吃茶去？"州便唤院主。主应诺。州云："吃茶去。"你看他古人何等直截为人，人自不会。错过善知识，善知识何曾孤负汝来？遂击拂子云：还会么？山僧为汝颂出：曾到吃茶去，未到吃茶去；院主自不会，却来讨钝置。如何是不钝置的？高声唤云："大众吃茶去！"便起。

这一公案记载当晚为某居士资助茶会，石奇心情大好，打开话题畅谈己见。大致分三层意思：

一是说明"师夫领进门，修行靠自身"之道理。即使在佛门，平时亦少有高僧大德专门说佛、说法、说禅、说道；说教僧众参话头、做工夫，如何若何。很多道理都在日常言行中，重要的是靠自己在吃茶中多多领悟、感悟。

二是说明禅理佛道重在意会，难以言传。"我宗无语句，亦无一法与人么""然又不可道，既无言句，又无一法，便无佛无祖，无因无果，无是无非""毕竟如何向你们道，山僧者里也无毕竟，亦无无毕竟"，这些都强调要在吃茶中多领

悟、多感悟。

三是复述从谂"吃茶去"公案之后，作一五言《颂偈》（见下文浅析），并以高声"大众吃茶去"止住话头。

另一公案又说到"吃茶去"：

恒觉上座请上堂，山僧福薄多病身，升座明明强自持。道谊难辞恒老宿，当阳举似知音知。大众且道：知后又作么生。你替不得我，我替不得你，各自归堂吃茶去！

石奇微恙在身，勉强应允恒觉上座邀请上堂说法。其中"你替不得我，我替不得你"富有哲理，很多事情他人无法替代，需要自己体悟，包括吃茶，什么滋味饮后才知晓，还是各自归堂吃茶去。

记载"遇茶吃茶，遇饭吃饭"的公案云：

茶次。

问云："弟子有两种事与老和尚落草，得么？"

师云："有甚事？"

问云："二六时中作么生管带？"

师云："遇茶吃茶，遇饭吃饭。"

问云："三十日到又作么生？"

师云："明日是初一。"

这是一次喝茶时与弟子的对话。其中"二六时"指十二时辰，即昼夜一天到晚。石奇回答很简单，便是一日三餐，遇茶吃茶，遇饭吃饭。第二问回答更简单：三十过了是初一。

记载"清茶淡饭"的公案云：

僧出山。

师云："临行一句作么道？"

僧云："某甲着草鞋去也。"

师云："有人问雪窦，如何祗待？你作么对？"

云："清茶淡饭。"

师云："也须呕却。"

一位僧人出山，石奇问他临走前说点什么。僧答穿着草鞋出门。石奇又问，要是有人问起雪窦事，如何恭敬作答？僧答修行就是清茶淡饭。石奇满意地说，还须放下为好。

记载"请茶"的公案云：

师赴雪窦，清城施邑侯邀师入署中，道话次。

问云："达摩初来，还有者般方便么？"

师举茶瓯云："请茶。"

石奇将赴雪窦，一次应施县令邀请入衙讲授佛道。施县令问如何才是菩提达摩的方便之门呢？石奇轻轻举起茶杯答云："请茶。"开示施县令要放下分别心，消除妄想心。

❀雪窦寺弥勒殿前两棵古银杏，相传为五代时期高僧智觉延寿禅师（永明延寿大师）栽种，至今已有近1100年的历史　图为晚清照片（约1906年摄）

从以上诸多公案看，石奇说法或机锋应对，强调以平常心修行，重在个人体悟、感悟。有道是"佛法但平常，莫作奇特想"。佛法难言说，说的再多就不是真正意义上的佛法。如同日常生活中的这杯茶，只有自己亲自去吃，方可品味是何滋味。其中蕴含着禅宗随缘任运、当下体悟之境界。

🍃时至今日，饱经风霜之千年古银杏，依然硕果累累，显示出强大生命力

茶禅诗偈赵州茶

石奇推崇赵州茶，在其存世不多的涉茶诗偈中，也多次说到赵州茶，如其五言诗《除夜次郁素修韵》：

甲子从初起，看看腊又残。静陪灯不老，坐听影寒班。

松火茶前活，春风语外闲。夜深堪共对，不问赵州关。

某年除夕之夜，诗人与好友郁素修在僧堂守岁，品茗吟诗。除夕已临，春光可期，在这美好之夜，诗人主张吃茶吃点心，享受当下，如"赵州关"等参禅问道之严肃话题，留待上堂再说。作为高僧诗偈，虽说"不问赵州关"，其实诗中自有禅意，读者自在意会之中。

诗中"赵州关"，作为一建筑，并非在赵州，而在江西永修云居山。典出从谂禅师110多岁时，从河北赵州跋山涉水，来到云居山云居禅院（今真如寺），与方丈道膺法师共同开堂说法，深受佛门弟子拥戴。从谂返回时，道膺送至莲花山中心隘口，又叙谈一个多小时才依依惜别。乾宁四年（897），从谂在赵州圆寂，道膺非常悲痛，为缅怀其功德和友情，于光化三年（900）在莲花山的中心隘口兴建一道关楼，名为"赵州关"，为进寺第一道山门。后几经兴废，1958年高僧虚云重建后，又在"文革"中被毁。今日赵州关山门系1985年重建。

🦢江西永修云居山真如寺山门赵州关

石奇诗中的"赵州关"，借指禅关，比喻僧人修行悟道、领悟佛教教义必须越过的关口。

一次，石奇在法堂解说从谂"吃茶去"公案之后，作一五言《颂》辞云：

曾到吃茶去，未到吃茶去。院主自不会，却来讨钝置。

其中"钝置"亦作"钝致",意思是折磨、折腾。三四两句意为院主不懂从谂"吃茶去"禅意,偏偏还要自讨没趣瞎折腾。

在一则题为《律牧制西堂》的诗偈中,石奇禅师也写到赵州茶:

> 本色住山人,只应山里住。
>
> 鼻孔漫辽天,虚空休指注。
>
> 篾束肚皮便与么去。折脚铛边有甚凭据。
>
> 打杀鳖鼻蛇,拈来和羹煮。
>
> 金牛饭,赵州茶,个样风流谁当家。

其中"金牛饭"典出唐代镇州金牛和尚。其每日亲自做饭,供养僧众,用斋时,就担着饭桶到斋堂,一面起舞,一面抚掌大笑说:"菩萨们,来吃饭啦!"一般僧众修行大多饭来张口,茶来伸手,而把做饭、挑水等琐事看作是他人之事,与自己的修行无关。金牛和尚乐于将做饭视为每日修行法门,教示参禅悟道,非在经义的研习中求,行菩萨道,亦不在禅堂的静坐中得,那些都是口头禅而已。其实为大众服务,使大众安心修行,实为大修行,大功德,大菩萨道。"赵州茶""金牛饭""云门饼",均为禅门著名公案,倡导在日常生活中参禅悟道,并已成为代名词。如近代高僧守培法师(1884—1955)偈语云:"供应南来北往客,金牛饭与赵州茶。"

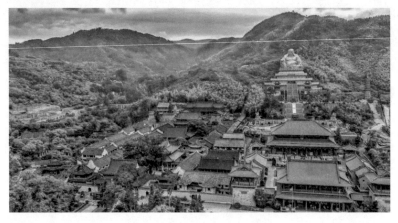

今日雪窦寺全景

石奇亦作有《十二时歌》，其中第七个时辰日昳未时写到茶事：

　　日昳未，瞌睡起来讨尽气。

　　熨斗煎茶没处寻，肚里无明火空沸。

日昳未时对应现代时间的下午 1 时至 3 时，午睡刚起，石奇很想喝茶，无奈找不到茶壶，唯有肚中无名火。说明爱茶之深切。

石奇在《次吴用汝居士长歌》中写道："不须夸，何殊茅屋竹篱笆。风流潇洒抑何奢，客到蒿汤便当茶。"

诗句化用元代清珙《山居》诗："纸窗竹屋槿篱笆，客到蒿汤便当茶。多见清贫长快乐，少闻浊富不骄奢。"

此诗说明山区蒿类是代用茶之一，当寺院缺少茶叶时，只能以民间常用的蓬蒿等蒿类茶备用待客。

第五章

民国茶事综述

晚清自甲午战争之后，八国联军入侵中国，清政府日趋衰败没落。民国期间，先是军阀混战，继而日寇侵华，抗战胜利后，又是三年内战，基本处于战乱时代，民不聊生，何谈茶业与茶文化之发展。

民国时期，据《奉化县志》等相关文献，茶园面积、产量有明确记载，茶产地主要有溪口、棠岙、六诏、亭下、东岙、西岙、东山等地。面积与产量记载如下：

民国十八年（1929），全县仅有茶园 3520 亩，产茶 110 吨；

民国二十八年（1939），面积 3500 亩，年产 2200 担；

民国三十六年（1947），产茶 5000 担；

1949 年茶园面积 3800 亩，总产 120 吨。

当时茶叶主要以春茶为主。这 20 年间基本没有发展。

茶文化方面，主要名人茶事有雪窦寺第 70 任住持、民国"四大高僧"之一太虚大师著有茶诗近 30 首；宋美龄作有茶诗、茶书画，下文专题介绍。

清末民国女诗人王慕兰（1850—1925），大堰（今大堰镇）人。生于大堰村白闸门，与著名外交官、作家王任叔（巴人）同村。举人王鳞飞之女。幼年随父入蜀，擅作诗词。年逾三十始与旅鄂同乡、湖北补用知县董兆莊结婚，一起回里。回里后因夫卧病不起，生活艰难，遂设学馆教授为生。1903 年受聘奉化官立作新女学堂首任堂长，积极推行新学，主张男女平等，获县公署"巾帼丈夫"

奖匾。1921年辞职归里，晚年仍任村中教职。著有《岁寒堂诗集》等。无子女，系清末民国初闻名浙东的女教育家和闺阁诗人，是奉化自唐开元置县1200多年以来，首位入传1994年版《奉化市志》的唯一女性。惜才华横溢，命运多舛，十来岁时先丧母，继亡弟，再殁父，漂泊他乡到30多岁才结婚，得以扶柩回乡，不久丈夫又英年早逝，没有子女兄弟，全身心奉献教育事业，一直教书至75岁去世。

大堰是奉化传统茶乡之一，今日已发展成为著名白茶小镇，有白茶3000余亩。王慕兰爱茶，《岁寒堂诗集》收有茶诗二首。

其一为七绝《踏青》（三首选一）：

> 层层楼阁万千家，
>
> 小艇无人泊浅沙。
>
> 纵目归来无事事，
>
> 自盛泉水试新茶。

诗人春天到水边踏青归来，自盛山泉，品饮家乡新茶，茶味甘香，令人向往。

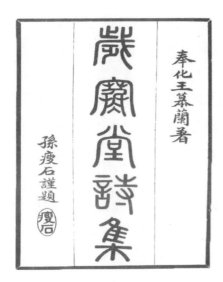

王慕兰著《岁寒堂诗集》，民国十五年刊于甬上，2015年重印

清代僧帽形黑地描金茶壶桶

其二为七绝《茶桶》：

> 最好春风啜茗时，色香味和入肝脾。
>
> 除烦漫美琼浆滑，醒睡微嫌火候迟。

茶桶系旧时民间日常使用的茶具器皿，一般为木制或藤编，不仅能起保温作用，而且能保护茶壶。比较考究的茶桶，表面和提梁上雕刻细腻，制作巧妙。

该诗记录了当时富裕人家或单位，以茶桶保温的生活习俗。该诗开句化用杜甫茶句，说明诗人当时生活安逸，心情愉悦，春日醒后先品茶，开启一天美好生活。

民国慈溪籍杰出女诗人、社会活动家张汝钊（1900—1970），字曙蕉，慈溪（今江北区庄桥街道马径村）人，宁波图书馆首任馆长，成为近代天台宗著名女僧。著有《绿天簃诗词集》《海沤集》名震文坛。与佛教有缘，印光法师赐法名慧超；皈依太虚法师后，赐法名圣慧；祝发为比丘尼后依根慧法师，赐法名本空，字又如，号弘量。1937年春，曾在奉化创办法昌佛学院，弘扬佛法。

汕头大学出版社2016年版张汝钊著《绿天簃诗词集·海沤集》书封

其出家前，曾以居士身份到雪窦寺拜访太虚大师，作有七律《拜访吾师虚上人于雪窦寺》：

> 五十三参到普贤，师资契合信前缘。
>
> 从今敢忘慈悲意，先建人间极乐天。
>
> 古德风华老作家，临行承惠赵州茶。
>
> 他年好把残余滴，洒遍人间般若花。

该诗开句五十三参为佛教术语，《华严经》（入法界品）末会中，善财童子曾参访五十三位善知识，故谓五十三参。比喻虚心求教，不辞辛苦。诗人赞美太虚德高望重，回程又赠以茶叶，比喻为"赵州茶"一语双关，既为所赠茶叶，下句写到将以赵州和太虚为榜样，努力弘扬佛法，让世人福慧双增。

太虚大师：且酌杯茗吟佳句

民国"四大高僧"之一、雪窦寺第 70 任方丈太虚大师爱茶，其或居于寺院，或与师友交游，或在旅游途中，赋诗作词，无不茶香飘溢。据不完全统计，其涉茶诗偈近 30 首，本文做一简介。

太虚（1890—1947），法名唯心，字太虚，号昧庵，俗姓吕。原籍浙江崇德（今浙江桐乡），生于浙江海宁长安镇。身世悲苦，体弱多病，2 岁丧父，13 岁丧母。外祖母好佛，5 岁即依外祖母于离长安镇三里之大隐庵，护视教养。16 岁入苏州小华寺为僧，出家后即往宁波天童寺依寄禅法师受具足戒。其依靠寺院教育，坚持勤苦学习，终成一代传奇高僧。列住湖南大沩山寺、厦门南普陀寺、天童寺、雪窦寺等。一生创办或主办的僧教育学院有：

🍃太虚大师中年照片

闽南佛学院、武昌佛学院、世界佛学苑、重庆汉藏教理院、西安巴利三藏院、北京佛教研究院。曾到日本、新加坡、美国考察佛教或弘法。创办佛教刊物有《海潮音》月刊和《觉群周报》等。工诗擅书，著有《潮音草舍诗存》《潮音草舍诗存续集》《潮音草舍诗存遗》等，已汇编成《太虚大师全集》。其针对当时佛教丛林存在的弊端，提出佛教三大革命，即教理革命、教制革命、教产革命，倡导"人间佛教"。与印光、虚云、弘一并称民"国四大高"僧。

太虚与雪窦寺有缘。民国廿一年（1932）九月初九重阳节，当时下野回家乡的蒋介石，慧眼识才，邀请其担任雪窦寺方丈，至民国三十五年（1946）辞去方丈职务，前后14年，为太虚在各寺方丈任期之最。民国三十六年（1947）三月十七日，在上海玉佛寺因中风旧疾复发，英年早逝，世寿59岁，灵塔在雪窦寺。

茶泉诗章蕴禅意

在担任雪窦寺方丈之前，太虚曾四次到该寺旅游、说法，讲授《心经》。该寺今设有太虚讲寺。

太虚仰慕雪窦寺名胜，民国十三年（1924）九月深秋，其病后第一次到雪窦寺旅游，适逢秋雨连绵三日，无法出门赏景，只能在寺里翻阅山志，吟诗遣闷，赋成《雪窦寺八咏》，极写雪窦山、寺之雄伟壮丽。这是他进献的见面礼，其中之五"入山亭"写到茶与泉：

> 荒寒洗尽世繁华，自掘松根自摘茶。
>
> 一掬流泉清可煮，把将茆盖卧烟霞。

"茆"通"茅"。以雪窦山泉，烹雪窦山茶，秋雨蒙蒙，烟霞弥漫，禅韵意境融于字里行间。

同样的意境还见于下列茶、泉诗，如《续昱山千步沙晚眺诗七韵》之二云：

> 奇峰疑叠浪，松老布重权；境胜浑忘俗，泉清可煮茶。

昱山系普陀山普慧庵法师。千步沙位于舟山普陀山的东部海岸。诗人与好友在山寺汲取山泉，品普陀佛茶，观海浪金沙，看老松绿树，胜景佳茗令人脱俗忘忧。

七律《韬光访李圆净，次韬光禅师韵》云：

> 汲得山中竹引泉，烹茶饮罢倚松眠。
>
> 静观绿叶成红叶，欲伴金莲种玉莲。
>
> 古洞藏云遥瞰海，修篁蔽日漫连天。
>
> 万缘息后无他事，一片冰心供佛前。

韬光禅师即圆瑛法师（1878—1953），法号宏悟，别号韬光，又号一吼堂主人，福建古田人。中国近代高僧。历任宁波天童寺、福州雪峰寺、鼓山涌泉寺、上海圆明讲堂、南洋槟城极乐寺等多寺住持。1929年与太虚共同发起成立中国佛教会，并连续数届当选主席。1953年中国佛教协会成立，被推选为第一任会长。

该诗表达了诗人以松竹为伴，茶泉为友，修身养性，虔诚向佛之志向。

五绝《题阿育王寺十二景之十·妙喜泉茶》云：

妙喜泉水清，赵州茶味苦；试问尝过人，能否将舌鼓？

阿育王寺妙喜泉系南宋名泉。该寺地势较高，饮水缺乏，南宋高僧宗杲（1089—1163），号大慧，曾居妙喜庵，又称妙喜。绍兴二十七年（1157）住持明州育王寺，时年已69岁。其率僧众开凿泉井，幸得泉水汩汩不绝，甘甜清洌，皆大欢喜，遂以宗杲大号妙喜名之。南宋高官、状元理学家张九成，著名诗人范成大，分别为该泉作《妙喜泉铭》和七律《妙喜景》。

该诗将妙喜清泉与赵州苦茶作比，试问僧侣和大众，是否真正理解、感悟茶禅之意蕴？

雪窦寺太虚讲寺

七律《游平山堂》云：

> 平山近水一堂延，茗煮江南第五泉。
>
> 却忆画兰老禅友，林间闲伫静闻蝉。

平山堂位于扬州市西北郊蜀冈中峰大明寺内，始建于宋仁宗庆历八年（1048），时任扬州知府的欧阳修，极赏该寺清幽古朴，于此筑堂。坐此堂上，江南诸山，历历在目，似与堂平，因而得名。后常有士大夫到此吟诗作赋。

"天下第五泉"亦位于该寺康熙、乾隆御花园内。唐代状元张又新、唐代刑部侍郎刘公伯皆为此泉作记。乾隆情有独钟，曾三度临幸问泉品茶，诗赞"有冽蜀岗上，春来玉乳香"。

太虚慕名到此寻泉品茗，缅怀当地擅画兰花之禅友。末句林间蝉鸣描绘出江南园林静中有声，富有诗情画意，并蕴含禅意。

师友交游茶入诗

太虚交游广泛，与师友间唱酬颇多，诸多交游诗中不乏茶香，如七绝《雪窦为石侯画师题山水（辛未）四首》之二云：

> 溪风习习一舟横，岸柳村烟袅袅轻。
>
> 近水远山诗意满，小童烹茗报新晴。

该诗作于1931年年底，当时诗人尚未担任雪窦寺方丈。画师石侯生平未详。所题前三句均为画中景象，末句为小童奉茶请诗人和画师品茗，并报天气已由阴雨转晴。

同为题画诗，七律《为朱铎民题〈维摩室图〉》内容则比较丰富：

> 一默曾令众息哗，忽来天女散仙葩。
>
> 钵持香积僧分饭，座借灯王客试茶。
>
> 魔外尘劳皆可侣，涅槃生死总为家。
>
> 室中病起维摩诘，世以清宁国以华。

朱铎民（1889—1985），名镜宙，乐清人。章太炎三女婿，历任国民政府政治、经济、文化多部门要职，亲历辛亥革命等重大事件，曾与孙中山及其下属直接交游。工诗，著有《咏莪堂全集》等。

该诗系题画诗。维摩音译毗摩罗诘利帝，又作毗摩罗诘、维摩诘等，为古印度佛陀之在家弟子，毗舍离城之长者。虽在俗尘，然精通大乘佛教教义，其修为高远，虽出家弟子犹有不能及者。据《维摩经》记载，彼尝称病，但云其病是"以众生病，是故我病"，待佛陀令文殊菩萨等前往探病，彼即以种种问答，揭示空、无相等大乘深义。史载维摩之居室方广一丈，故称维摩方丈或净名居士方丈。

诗人赞美好友佛画《维摩室图》美如仙葩，并借摩罗诘之典故，赞美好友为国效力，以天下兴亡为己任，期盼国家安宁，国运昌盛。

🍃雪窦寺太虚讲寺雪景

七律《寄君木居士用前度韵》云：

吾喙三尺天难诉，零涕空溢寒江流。

幽抱不关谢尘事，苦茶无力解奇忧。

腐骨何妨齐舜跖，文心容易铸恩仇。

丈夫存想应空阔，那许青丝坐络头？

君木即冯开（1873—1931），原名鸿开，字君木，号回风，取其书室为回风堂。慈溪县城（今宁波市江北区慈城镇）人。25岁起由拔贡官丽水训导，后无意仕途，称病辞官回乡，以教书为业；文主汉、魏，诗宗杜、韩，词则出清真、梦窗。与陈训正、应启墀、洪佛矢并称"慈溪四才子"。精通经史词章，文采极佳，吴昌硕和词人况蕙风都曾留下遗言，去世后要求请冯开来撰写墓志铭。著有《回风堂诗文集》等。

诗人与冯开为好友，二人多有唱酬，另有纪念随笔《忆慈溪冯君木》。该诗勉励好友困顿之中，不忘高远之志。

七律《怀澹宁道丈（传闻弃官入罗浮）》云：

寂历幽扉镇日扃，天痕薄暮压檐青；

三杯白酒忘身世，一卷黄庭养性灵；

秋月满轩吟橘颂，春风半席捡茶经。

料应太息人间世，自鼓瑶琴祇自听。

清代书画大家钱沣书法：
秋月满轩吟橘颂，春风半席捡茶经

澹宁道丈即汪莘伯（1858—1928），名兆铨，字莘伯，号澹宁道人。汪精卫堂兄弟，清朝举人。1911—1924年任教忠中学校长。与丘逢甲、太虚为至交。精于鉴定，书画诗词兼擅。其写字，每曰："铿铿守碑，何如我无碑纵笔之乐。"诗人另有五律非茶诗《怀故人诗八首其五·澹宁道丈》。

诗人在第三联下自注系"借联"。查清代书画大家钱沣，曾作此书法对联。

诗人听闻好友澹宁道人汪莘伯，弃官到广东罗浮山修道，因作此诗感叹怀念。大意为澹宁道人爱酒爱书画鉴定，秋吟橘颂，春咏茶经，何等潇洒！然世事难料，还是自鼓瑶琴自欣赏，寻得一份安宁。

七律《壬戌岁底陈元白等，偕赴宜昌杂诗四首》之三云：

> 草堂闲坐对寒林，杯茗倾谈括古今。
>
> 多少废兴成败事，茫茫遗迹不堪寻。

1922 年年底，诗人与上海文友陈元白等赴宜昌，在某茶堂品茗，畅谈古今兴废成败之事。感叹人事交替，有些已难找遗迹。

七律《甲子夏偕扬郡诸名缁，游泰州泰山至小西湖，瞻岳武穆父子遗像》云：

> 国倚军威似泰山，名城自是重人间。
>
> 小西湖上瞻遗像，煮茗同消半日闲。

1924 年夏，诗人与扬州多位名僧，到泰州游览，在泰山公园泰山之巅小西湖瞻仰岳武穆祠。在公园内品茗休闲，愉快度过半天时间。

七律《返渝后陈真如赠诗依韵答之》云：

> 我行万里回行都，空警频催郊外趋。
>
> 上下江干一交臂，巫来相访何勤劬。
>
> 乡是长生屋浩然，半丘松竹石擎拳。
>
> 煮茶且向檐前坐，佛迹重兴话五天。

陈真如即陈铭枢（1889—1965），字真如，广东合浦曲樟（今属广西）客家人，北伐将领，抗日名将。从军而信佛。任民国政府军事委员、广东省政府主席、代理行政院院长，中华人民共和国成立后曾任全国人大常委会委员，民革创始人之一。能诗擅书。

其中"五天"为佛教术语，古代谓天有皇天、昊天、旻天、上天、苍天等五种别号。当时正处于抗战期间，诗人在重庆经历空警频催到郊外躲避日寇炸弹的艰难时刻，期待抗战早日胜利，能够安逸品茶，重兴佛教。

🍵《太虚大师全书》（全 35 册）宗教文化出版社 2004 年版

旅途诗章溢茶香

太虚热爱旅行，在诸多名山大川、名寺古刹留下足迹。其留存诗章，很多作于旅途之中，其中不少为涉茶诗，如五律《登鹤舒台》云：

一自成仙来，名山鹤有台。白云迎客掩，丹桂傍岩开。

铸此灵奇境，应穷造化才。一亭清寂寂，煮茗共倾怀。

据广州府《南海志》记载："州东北二十里白云山，有鹤舒台，蒋安期飞升于此。"宋代以后，有诸多诗人在此吟诵仙道之事。诗人到此旅游，不忘倾杯饮茶。

七律《宿小郡温泉旅馆四首》之三云：

围炉煮茗夜谈清，身意安恬梦亦轻，

夜半钧天闻广乐，隔楼徐度绕梁声。

小郡温泉地址未详。该诗大意为：诗人与友人冬日到小郡温泉旅馆旅游投宿，晚上围炉煮茗，茶叙清谈。温泉宜浴，茶香宜人，身心舒坦。安睡后，听闻隔楼徐徐飘来绕梁乐声。

七绝《赴汉皋舟次四首》之四云：

> 斜阳影落坡间塔，隔岸香浮月下梅。
>
> 长笛一声舟又动，沸茶新煎且倾杯。

汉皋为汉口之别称。该诗描写诗人在汉口一带旅游，在船上一边倾杯品饮新茶，一边欣赏两岸美景。

七律《慈湖赴西方寺转净圆寺》云：

> 慈湖一水派汶溪，捷足西方径不迷。
>
> 细雨轻风清趣永，苍烟翠雾妙心栖。
>
> 廿年重睹前尘影，暂坐如闻花鸟啼。
>
> 午梆声中茶饭罢，净圆顿转出恒蹊。

据《太虚大师年谱》记载，民国廿三年（1934）年初，太虚住雪窦寺期间，马不停蹄先后到镇海团桥镇永宁寺、鸣鹤金仙寺、五磊灵山寺、宁波延庆寺、慈溪普济寺、汶溪西方寺等寺院讲经游学，赋成此诗。

汶溪西方寺对太虚人生影响甚大。其19岁那年，曾去该寺阅览大藏经，之后感觉"蜕脱俗尘，于佛法得新生自此始""恍然皆自心中现量境界。伸纸飞笔，随意舒发，日数十纸，累千万字。所有禅录疑团，一概冰释，心智透脱无滞。所学内学教义，世谛文字，悉能随心活用"。

在20多年后的这首意兴阑珊之作里，太虚把前尘旧景中如闻花鸟啼的悟道感受，以午梆声中、茶饭之后、重启行程的"豁然"作结，让人有柳暗花明又一村之感。这正是日常烟火中的悟道、证道。

七律《新妙场》云：

> 普陀山下场新妙，庶富化中人悦来。
>
> 消受一杯茶味永，飘然曳杖市梢回。

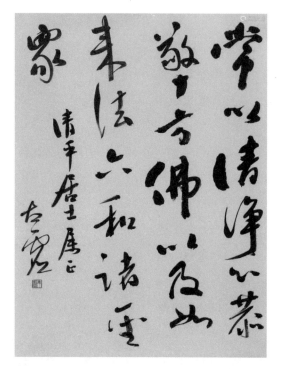

太虚书法释文：常以清净心，恭敬十方佛；以及如来法，六和诸圣众

太虚书法：竹影扫阶尘不起，月穿潭底水无痕

诗人在普陀山看到很多善男信女，礼佛后愉快品茶。受快乐感染，诗人赋诗留念。

《自峨眉返成都六绝之一·峨嘉道中》

镇子场初入乐山，高山坡在翠屏间。

苏溪一勺嘉阳水，饭熟茶香夕照殷。

诗人自峨眉返成都，途中看到乐山一带，山坡苍翠，郁郁葱葱，心情愉悦。嘉阳为乐山旧名，到此已夕阳西下，准备歇脚休整，享用茶饭。

《大理赴鸡山道中十六首》之四

花丽坡穿曲隧，管商茶润饥肠；

崎岖历尽荒麓，禅悦饱参雅阃。

诗人从云南大理到鸡山旅游，途中既有绿树山花，更多崎岖荒麓，幸有茶润饥肠，参访雅闻佛门，更令人禅悦难忘。

五律《和吟雪游月湖诗》

曾记携吟侣，秋初过月湖。医饥茶送枣，祛热扇摇蒲。

有句催诗钵，无愁遣酒壶。庭前芳草绿，应未委荒芜。

该诗为一位名叫吟雪之诗友所和。月湖位于宁波市中心。其中写到茶、枣为疗饥之佳品。

七律《重九钟益亭九老茗叙渝州葛岭》云：

赖有夔门锁不开，登高客尽避灾来。

消闲葛岭逢重九，同进深深茗一杯。

渝州为重庆旧称。某年重阳节，应该是在抗战期间，诗人与到重庆避难的武汉市佛教正信会副会长钟益亭等九名老者，在葛岭茶叙度节，期待早日结束战事，回归和平。

诗人另有词作《凤凰台上忆吹箫·喜湛庵重访普陀，叠在京口见怀韵》写到茶句：

海外仙岑，人间佛国，白华紫竹堆堆，恍蓬莱清浅，金碧楼台。

多有莲花净侣，控青鸾黄鹄飞来。闲消受茶清香静，几度徘徊。

……

且酌杯茗吟佳句

李白酒后诗百篇，太虚品茗吟诗哦。学佛之余，品茗吟诗是太虚日常生活中重要之元素，其词作《行香子·焦山春望》中写到"且酌杯茗吟佳句"，是其生活的真实写照：

云涌山边，浪涌山边，渺春光浩荡无边。

俯窥大陆，人在峰巅；看岫生云，云如浪，浪摇天。

云断还连，浪碎还圆，远凝眸细草芊绵；

喜高花大柳，香染丝牵。且酌杯茗吟佳句，炷炉烟。

　　焦山位于江苏镇江长江之中，是四面环水之岛屿，山高 70 米，岸长 2000 余米，因东汉焦光隐居山中而得名。碧波环抱，林木翁郁，绿草如茵，满山苍翠，宛然碧玉浮江。与对岸象山夹江对峙，有江南"水上公园"之喻，被誉为"江中浮玉"。

　　美景佳茗引发诗兴，留下佳作。

　　同为描写江上美景，诗人另有七律《江上晚晴四首之四》云：

斜阳影落坡间塔，隔岸香浮月下梅。

长笛一声舟又动，沸茶新煮且倾杯。

　　七律《秋夜枯坐》云：

四壁秋蛩渐有声，小楼寒气袭衣生，

神酸意楚浑无赖，苦茗盈杯独自倾。

　　秋夜百无聊赖之际，凉风渐至，听蟋蟀等虫鸣声声，幸好有苦茗作伴，自饮自乐。

　　七律《春风蛙曲六首之二》云：

春风春雨访伊人，半榻茶烟洗客尘。

直到形骸忘尽后，清谈一室豁天真。

　　诗人春日访友，雨中蛙声悦耳。主人以茶会友，形骸忘尽后，清谈豁天真。与挚友茶叙，有佳茗相伴，无所不谈，何等惬意！

现当代篇

第六章

现当代茶事综述

本书下半部分，为奉化区现当代茶产业发展与优秀茶企、茶人代表的综述与小结。

奉化地处东南沿海，气候温和，雨量充沛，森林覆盖率超过 66%，2017 年获称"浙江省森林城市"及"中国天然氧吧"城市。因植被丰富，山间云雾缭绕，生态条件得天独厚，奉化是茶叶生产最适宜区。

中华人民共和国成立初期，茶叶是农产品出口的重要物资。1965 年国营奉化茶场诞生，经过多年发展，曾在浙江省十大茶场中位居第三，奉化因而荣列全国重点产茶县之一。到 20 世纪 90 年代初，奉化共拥有 3 万多亩茶园，是浙江省产茶重点县（市、区）。然而，这绝大部分茶场生产规模普遍偏小，整个奉化只有"蟠龙"和"武岭"两只稍微响亮点的茶叶品牌，没什么影响力；茶农们则如一盘散沙，茶产业不成气候。

好在经过多年努力，奉化区已逐步摸索出了一条政府扶持指引，茶专业合作社组织抱团，龙头企业引领，以良种茶园为基础，品牌质量为核心，科技创新为支撑，技术培训和示范辐射为抓手的名优茶产业化发展之路。全区现有茶园面积 2.15 万亩，其中无性系良种茶园面积 1.39 万亩，2021 年茶叶总产量 1516 吨，总产值 1.06 亿元；书中写到的南山茶场、安岩茶场、雨易山房、峰景湾茶场等即是合作社的骨干茶企代表。其中名优茶产量 93 吨，产值 8300 万元，已成为广大山区农民重要的持续增收途径。书中的"宁波白茶第一村"大堰董家岙村就是种植名优茶致富的典型。

奉化区以雪窦山茶叶专业合作社为主导和依托，联合、带动广大茶农整合资源，通过实施富有自身特色的"统一品牌、统一标准、统一包装、统一价格、统一监管、自主经营、自负盈亏"统分结合的双层管理模式，开拓市场，带动一大批茶农走上致富之路，书中写到的宋光华、黄善强、方谷龙、李再能、王建行等就是奉化优秀茶人中的翘楚。

奉化区茶文化促进会积极贯彻落实习近平总书记关于茶的重要指示，做好茶文化、茶产业、茶科技"三茶"融合这篇文章，大力推进奉化茶事业发展，传承创新奉化知名茶叶公众品牌"雪窦山"牌奉化曲毫。作为宁波市主要茶叶品牌之一，国内蟠曲型名茶领先品牌，雪窦山牌奉化曲毫形质皆优，口味鲜爽，因屡获"中绿杯"等名优茶评比权威奖项，已获取国家地理标志产品证明，是奉化近年来一张不可多得的金字招牌。还有雨易红茶、安岩白茶、弥勒禅茶等新晋茶叶品牌，也在宁波乃至浙江茶界占据了一席之地。

小小茶叶，分量不轻。现当代奉化茶产业在宁波、奉化两级政府的领导下，在奉化区农业农村局、区林特总站等相关单位的指导和大力支持下，一路高歌猛进，取得了不俗的成就。这些成就也离不开高级农艺师、农技专家方乾勇和王礼中的共同努力和辛勤付出，书中自然也有他们的身影。讲述茶企故事，体察茶人精神，品味茶汤滋味……因篇幅有限，更多为"奉茶"埋头付出的茶人没有被提及，但这份"答卷"里也凝结着他们的智慧和心血，他们也是奉化茶产业的有功之臣。

第七章

国营奉化茶场前世今生

这里曾经是一片浩瀚沧海。有那座名叫"覆船"的山可以作证。传说村里有个渔夫，经常撑着渔船打这一片出海捕鱼。在一次突如其来的地壳运动中，他的船被陡然升起的海底拱翻，他被覆在船底，变成了山的一部分。他的妻子天天爬上15公里之外的远山之巅，引颈期盼，积年累月，最后化身为石——那就是与覆船山遥遥相望、位于奉化大桥镇西外应村的曰岭夫人。

这里曾经是一片绿的海洋。早春三四月，一垄垄茶树像一条条绿丝带，沿着缓坡起伏、铺展，从空中俯瞰，恰如一匹柔软流淌的巨幅锦缎，泻碧流翠，生机勃勃。垄亩间，点缀着一个个身披彩色雨衣的采茶姑娘，她们迎着初升的阳光，灵巧的双手像飞鸟一样在茶树枝头轻啄欢跳，神采飞扬的脸上染着金色的光芒。而她们身侧，茶香氤氲，雾气飘荡……

茶者，南方之嘉木也。中国最优质名茶的集中产区在北纬30°上下波动5°覆盖的地域，而宁波奉化，恰好位于这条神奇的黄金纬度带上。奉化地处东南沿海，气候温和，雨量充沛，生态条件得天独厚，是茶叶生产最适宜地区。当年位于奉化西坞尚桥的国营奉化茶场，更以其缓坡起伏，土壤肥沃，成为不可多得的优质茶产区。本文开头所讲的"这里"，就是指曾经的国营奉化茶场。当年，作为全省十八家珠茶重要生产加工基地单位之一，奉化茶场凭借自身实力跻身浙江省八大标杆茶场、全国农垦系统十大茶场，生产的珠茶荣获过国家级优质产品银奖，外销的"特级珠茶"1984年8月在马德里荣获世界优质食品金奖。为推动

采茶舞曲

奉化成为全国重点产茶县做出了不可磨灭的贡献，可谓名噪一时。

然而，在经济日益发展的历史进程中，奉化茶场被时代的滔滔洪流裹挟着滚滚向前，从逐步兴盛一步步创造辉煌，再日渐式微一步步趋于衰落；改革开放时期也曾再度昂首向上，但终究难敌被市场吞噬的结局，可谓走过了一条极不平凡的道路。2002年，奉化茶场结束使命，茶场的版图亦从奉化地图中消失。

风雨涤荡，几度辉煌；沧海桑田，岁月成殇。奉化茶场从建场到衰微，这一路究竟经历了什么？让我们逆流而上，一探奉化茶场的前世今生——

国营奉化茶场前身系浙江省公安厅宁波地区西坞劳改农场，始建于1954年，时有土地面积1万余亩。1965年5月，劳改农场撤销，由奉化地方政府接管，改建奉化县茶场，大部分土地被征用，留给茶场的土地面积缩水到约5500亩。县茶场由当时的归口单位浙江省农业厅牵头抽调人员，以来自全省农业系统的技术骨干和农、林、牧三场职工为主，加上原劳改农场留下的十几名公安干警，抽调当地三场人员若干，尘埃落定时，茶场拥有了正式在册职工108位，号称"108将"。

108将们面对的"新家"其实是个烂摊子。茶园碎片化，品种单一化，茶树趋老化，附近多荒山野寺和乱坟岗子。好在地形不错，多为15°以下的缓坡；且经专业农技人员测试，土质pH值在4.5～6.5之间，呈弱酸性，是天然的种茶沃土；加之近旁的雨施山雨水丰沛，长年温润适度，特别适合茶叶生长。为响应毛主席"以后山坡上要多多开辟茶园"的伟大号召，工作人员自力更生、艰苦奋斗。对当时茶园已有雏形的茶场来说，扩大茶园面积，提升茶叶质量才是王道，因为只有优质的茶叶才能出口换取外汇。当年的茶场人是这样想的，也是这么做的。他们先根据原有的茶园现状做出整体规划，然后组织大队人马积极垦荒，整地平岗，开山修路。考虑到茶树的幼龄期长达5年（如今已缩短至3年），长时间不能只有投入没有产出，茶场便在果园里套种茶树，以果养茶；同时也自己打造育苗圃，以点带面，培育优良茶种，以利于老茶树的更新换代。就这样，第一批茶场人用自己的双手披荆斩棘，用辛勤的汗水战胜重重困难，打造出了一个栽种有果树1500亩、茶园800亩的绿色家园。

为提升茶叶品质，省农业厅安排场里派出专人去日本进修学习，回来成立苗圃队，学以致用，将日本先进茶叶栽培技术运用起来，茶叶品种很快得到优化，产出的茶叶品质档次随之提升，市场也就顺利拓展开来。在消灭病虫害（主要是茶尺蠖）方面，除了常规的喷药、捕杀、深埋、烧杀及生物防治外，在夜间用灯光诱虫，对飞蛾进行诱捕，效果极佳；还有就是辅以科学的施肥与灌溉。根据需求在茶园合适位置建造氨水池，用菜饼和鱼粉等有机肥代替化肥，减少茶叶农药残留，使茶叶更绿色、更安全；浇水使用喷灌技术，自动化程度高，操作简单，能适应不同地形，还控制水量，节约了成本。这一系列应用与操作，为茶场提升茶叶品质奠定了良好基础。

茶场自1965年5月被奉化县接管起，面积就大幅缩水。12月，受时局影响，茶场将位于尚桥下霍庙的1384亩土地划给宁波市新建大队（下乡知青）耕种。1969年又划给南京军区舟嵊要塞区部队500亩。好在靠全员勤力开垦，附近的沙石地和荒山又披上绿色，面积达1200亩，茶园又增大了一些。但在"文革"期间，又有相当一部分土地被当地村社、大队占用，面积达1000余亩。如此反复折腾，增增减减，到最后（1980 年前后）核算下来，按照当时的规定，那片坡度在 15° 以下的连片山地均归属于茶场，即东西方向从横坑水库到康亭（木吉岭）最长约 5 公里，南北方向最宽约 3 公里，总面积近 2.6 平方公里。那真的是一片一望无际的绿色原野，3800 亩茶园整齐有序，连绵起伏；春来时更是漫山遍野郁郁葱葱，茶香芬芳四溢，身在其中，只会感到深深的沉醉。可惜之前外流的山地因既成事实，再也无法收回；不然，茶场的规模会更大，茶场人的天地也会更广阔。

数据表明，1975 — 1990 年是奉化茶场的高光时刻，20 世纪 90 年代则是茶场发展过程中的分水岭。让我们翻开尘封的账册来看一看——

茶场的办场方针是以茶产业为主，兼植果树经营，因而建场初期全场上下大力组织垦荒种茶，同时以果养茶。由于受到茶树生长期限制，茶场开办前 9 年一直是亏损的，亏损金额达 60.5 万元。随着茶山面积的逐步扩大和茶叶产量的不断增加，1974 年终于开始扭亏为盈，当年即盈利 7.16 万元。到 1983 年，企业已盈利 288.9 万元，盈亏相抵后，利润达 228.4 万元，其中上缴国家利润 49.3 万元，交税 239.60 万元。此时的茶场已成功蜕变为一家以初精制联合加工茶叶为主，工农业为辅，多业态并举，自负盈亏的农垦企业，内部实行三级管理、三级核算。茶园面积也在不断扩容，从 2000 亩发展到 3200 亩，茶叶产量从 5951 担增加到 10200 担，增长 71.06%；亩产从 329 斤增加至 375 斤，增长 13.98%；产值由 67.32 万元升达 479.82 万元，增长 614.93%。企业利润从 1978 年的 16 万元增加至 1983 年的 62 万元，增长 287.5%，每年平均递增 31.2%；税收由 1978 年的 6.7 万元增加到 1983 年的 48.1 万元，增长 517.91%，每年递增 43.9%。其中，茶叶产值占据 90% 以上，其他工农业总值占 7% ～ 8%。这些统计数字表明，当时茶场基本上达到了产值、利润、税金同步增长。1983 年年底，国家对奉化茶场的前期投资回收率已达 97.68%，茶场发生了翻天覆地的变化，企业增效，职工增收，生活条件得到极大改善。到 1984 年，国家对茶场的投资实现超额回收。1984 年年底，全场有总人口 910 人，其中职工 607 人，干部编制 25 人；其中党员 52 人，团员 86 人，工会会员 405 人，场部管理人员 51 人，农工商 29 人，占 8.86%；非生产人员 101 人，占 17.39%。全场平均职工工资等级 3.48 级，平均工资 45.25 元。1978—1983 年这几年，人均奖金增长 336.57%，年平均增长 27.05%。

茶场领导机构和管理部门及主要生产模式，也随着时间脉络一直发生变化。茶场下设中共奉化茶场党总支，下分行政、茶厂、工业、场部、横坑、康亭大队六个党支部；团体组织则有茶场团总支、工会和妇联。1983 年茶场有生技、计财、生资、生活、保卫科（室、站）和办公室 6 个职能部门，服务于一线产前、产中、产后。

1966 年 12 月"文化大革命"开始，茶场党政组织和主要领导受到冲击，被"靠边站"，场内秩序混乱。1967 年 2 月，根据中央指示，"军宣队"进驻大型工矿、企业，抓革命、促生产，茶场也遵令而行，成立了生产指挥部，负责茶场的日常工作和茶叶的生产经营。1968 年 7 月，茶场革命委员会筹建小组成立，根据"三结合"原则，8 月起由革命领导干部、职工代表、革命造反派代表组成场部革命委员会，全面接管茶场的各项工作。1974 年党组织得到恢复，健全了场党支部工作机制和党务工作后，一切又开始朝着正常方向运转。1979 年，场部革命委员会撤销，恢复场长负责制，群团组织自建场后逐步建立。1980 年以后，国家实行改革开放政策，茶场借此东风，不断改革办场方针与经营管理体制，落实生产承包责任制，加强场长负责制，党政、群团组织愈发健全；全场实行企业化，走茶、工、商一体化的道路，并进一步发展多种经营，为之后打造全国农垦系统十大茶场和浙江省八大标杆茶场奠定了良好的基础。

1983 年前，茶场主要有场部、横坑、康亭三个大队负责日常茶园的一线生产和培育管理。其中场部大队管辖三、四、五、红卫山、燕墩山小队；横坑大队管辖六、七、下霍庙、横坑小队；康亭大队负责管辖从五小村开始至木吉岭区域的茶园。茶场拥有年生产加工 2 万担能力以上的茶叶初制茶厂三家，下设一车间、二车间和连续化加工车间；有年加工成品茶 3 万担以上车间一家，简称精制茶厂。1982 年后，茶场响应国家政策，对茶叶生产小队实行联产承包责任制，逐步试行"一家一户或一人一户"承包经营茶园，茶场开始创办家庭农场，推行家庭承包制，相继组建 104 户承包户经营茶园，取消了茶叶生产队。经过试行联产承包责任制，茶农们的生产积极性大大提高，在原先小队生产计划完成 100.04% 的基数上，承包户完成额度增超小队 8%～10%，收入明显比原小队时高。

随着承包户生产经营自主权的不断扩大，场办工业逐步兴起，多种经营蓬勃发展。加之 20 世纪 70 年代后期，随着上山下乡知识青年返乡回城高潮的兴起，茶场职工人数不断增多，特别是从温岭和黑龙江等建设兵团返乡回城人员大量增加，茶场就业压力越来越大，成为当时的主要问题。为了解决就业问题和进一步搞活经济，场部趁势提出"一业为主，全面发展"的经营方针，并逐步调整产业和经营结构，形成以"茶叶为主体，工商为两翼"的经营格局。经上级主管部门批准后，茶场于 1978 年起相继创办了县农工商公司、工业机械厂、服装厂、灯具厂、食品厂和砖瓦厂等企业，与之配套的畜牧场、基建队、电工组和运输队也如雨后春笋破土而出，食堂、医务室、幼托所、理发室、小吃服务部等后勤保障部门也紧跟其后纷纷开起，职工家属和返乡回城人员就业问题很快得到解决。可以说，场办工业的兴起为茶场发展第三产业和解决就业起到了积极的作用。

茶场形势持续向好，多种经营的步伐迈得更快了，扩大了业务经营范围，改建茶叶初制厂，新建了精制加工茶厂，添置茶叶初制先进设备，精心打造万担以上生产能力的初精制联合加工外销茶，最后一跃成为浙江省农垦系统一流的外销茶重点出口企业。

在产出方面，1972 年前，茶场加工的茶叶是杭炒青。杭炒青的制作比平炒青更原始也更简单，即通过 84 型双锅杀青、揉捻、解块，然后用双锅炒干机干燥。1972 年开始逐渐改制，加工茶叶以平炒青（珠茶）为主，经济效益好于杭炒青。为适应市场经济发展需求，再利用原老茶厂杭炒车间，少量烘青茶胚窨制茉莉花茶，每年可生产 500 余担，茶叶经济效益得到提高。1978 年场部决定建办精制茶厂，报请浙江省计划经济委员会批准，于 1979 年 10 月建成年产 2 万担以上的平绿（珠茶）精制茶厂。新厂房建成后，实现了茶叶加工从初制到精制一条龙生产，当年投产付制毛茶 2500 担，精制加工成品茶 2393.54 担，平均单价为 302.71 元／担；每百元制值为 190.68 担，制耗 114.75 担，比例为 4.57%，成本 196.38 元／担，每担投 25.23 元，税率 20%，累计金额 144936.97 元，创汇利润 109696.24 元，单位利润为 45.83 万元。1983 年茶叶产量计 10180 担，1984 年茶场总产值 350 万元，其中茶叶 320 万元，占 91.42%，但总产值减少 30 万元，是因精制茶连续两年受外销出口不良形势影响，降低了 12% 以上。

计划经济时期，茶场所有的资产都是国有资产，所有生产活动都服从统一的计划指令来执行，生产资料进出的模式是调拨或划拨。期间，茶场外销出口茶调拨：1979 年毛茶付制 2500 担，平均价 151.52 元 / 担；成品精制茶 2393.54 担，平均单价 302.77 元 / 担。1980 年毛茶付制 5100 担，平均价 138.44 元 / 担；成品精制茶为 4918.62 担，平均单价 279.48 元 / 担，精制茶叶计划调拨中国土畜产进出口总公司上海茶叶进出口分公司。1981 年毛茶付制 8595 担，平均单价 125.55 元 / 担；成品精制茶 8386.17 担，平均单价 255.55 元 / 担。1982 年毛茶付制 9145 担，平均单价 127.44 元 / 担；成品精制茶 8848.14 担，平均单价 244.33 元 / 担。1984 年毛茶付制 9000 担，平均价 125 元 / 担；成品精制茶 8700 担，平均单价 242 元 / 担，计划利润比上年实际下降 12%（受外销出口不良形势影响）。

仅以奉化茶场为例，1984 年生产出口精制茶 9500 担，当时通过浙江省茶叶进出口分公司，统一以珠茶出口。珠茶是浙江独有的传统产品，素以形如珍珠，色泽润圆，香高味醇而著称于世。奉化是天坛牌特级珠茶的主产地，《奉化市志》有记录在案。

——节选自方乾勇《奉茶》一书

受国家经济体制变化影响，1981 — 1986 年，茶场计划内精制外销茶调拨给浙江省茶叶进出口分公司的绍兴出口茶叶拼配厂；1988 — 1996 年，外销茶调拨给宁波出口茶叶拼配厂，在完成派购任务的同时，多余部分可自主销售给口岸公司（厂），也可上市流通。此时，在计划经济逐步向市场经济体制转变的大背景下，茶场开始由生产型向生产经营型转变，以市场为主导，以销定产，先后以产销合作方式在省内及广东、上海、福建等口岸公司（厂）建立内外茶叶销售渠道，主动对接市场，茶叶内外销产量在全省农垦系统处于领先地位。1981 年茶场生产的珠茶获得国家优质产品银质奖，1984 年 9 月外销的"特级珠茶"荣获国际金质奖。全省十八家珠茶重要生产加工基地单位，奉化茶场是其中之一。

1984 年，奉化县供销社直属的奉化县茶厂因连续两年受外销出口降价和库存积压逐年增大等诸多因素影响，生产经营连年亏损。经奉化县政府、县供销社批准同意，撤销奉化县茶厂。这块县茶厂的牌子连同它们原有的毛茶收购外销茶基数一起调拨划并，归奉化县茶场所有。自此，茶场实行"两块牌子、一套班子"，但仍保持生产、加工、经营调拨万担以上内外销茶叶，可谓坚挺。

1984 年中国开始发展有计划的商品经济，这一年也是奉化茶场兴办工业的高潮之年。根据上级文件和相关农业农垦场经验，在原有八响机械厂的基础上，又办起了百花灯具厂、青春服装厂、康康饼干厂和茶厂砖瓦厂，其中砖瓦厂直接占用茶园约 250 亩。这些场办工业和第三产业给茶场带来了额外的收入，也安排解决返乡回城知青从业，是当时茶场必不可分的组成部分。但在国营茶场的产业结构中，茶叶仍是支柱产业，是经济收入的主要来源。1985 年茶叶放开经营后，浙江省（宁波）茶叶内资、外贸是市场与计划双轨并列。外销出口茶场执行指令性计划，本省特有的珠茶场由省（市）茶叶进出口公司单一经营。茶场在相当长一个时期，仍以保证外销珠茶出口需要为首位，立足于以销定产，对计划外茶叶进行多渠道流通。1993 年起，浙江省（宁波）政府对出口绿茶不再下达指导性计划，全省（市）全部放开经营，茶叶产销从以出口为主转移到以满足国内市场需求为主，奉化茶场与全省一样，由生产型向生产经营转变。2002 年国营奉化茶场改制，国有土地茶园归属奉化市人民政府，改建成奉化市经济开发区和奉化唯一的火车站。

1985 年年底，茶场班子进行大调整。1986 年 1 月，新的领导班子成立，徐国尧担任党总支书记，彭世尧任场长，竺永庆任副书记，竺海潮、黄汉章任副场长。

1988—1990 年，徐国尧任书记，盛宏强任场长，竺海潮任副书记，杨树民、林灿君任副场长。

1990—1993 年，竺海潮任书记兼场长，樊中华、林灿君、胡永昌任副场长。

1993—2002 年，竺海潮任书记，乐甫定任场长，毛吉良、舒建华任副场长。

领导班子研究发现，奉化茶场虽然经济滑坡严重，但有很好的发展基础，此时走出困境的唯一选择，就是适应形势的发展变化，走改革开放之路。为让茶场掀开新的篇章，他们上下一心，千方百计，发挥自身优势，与台商合资，生产新茶品，努力提高创汇能力和经济效益，虽任重道远但从不曾放弃。

……

让我们以时间轴的方式，回到那些年，一窥当年的究竟吧——

茶场大事记

1965 年

5 月，西坞劳改农场被撤销，由奉化县地方政府接管，改建为奉化县茶场。原劳改农场章江丰、滕松法、黄汉章、应寿康、陆金凤、徐哉良等 10 余位公安干警留场新建茶场。王多兴、孟照惠分别担任书记、场长。

6 月份开始，从全省各农垦系统抽调干部、职工逐渐报到进驻，杭州地区由宋荣林同志带队到茶场援建落户，成立大队垦荒，种植茶树。

12 月，将 1384 亩土地划给宁波市下乡知青耕种，新组了宁波市新建大队，地点下霍庙。

1966 年

茶场"文化大革命"领导小组成立，龚祖定任组长，林容许任副组长。

3 月，孟照惠场长、王多兴书记受冲击批斗；年底，打击面进一步扩大，茶场一般干部也受到揪斗。

1967 年

2 月，茶场组建毛泽东思想宣传队，到城关镇和周边社队进行宣传演出。

8 月，茶场根据中央大型工矿企业单位进驻"军宣队"和抓革命、促生产精神，成立生产指挥领导小组。成员由各大队（厂）负责人组成，林容许任组长，生产指挥领导小组代理茶场所有行政事务。

1968 年

6 月，成立革命委员会筹建小组。

8 月，成立革命委员会，龚祖定任主任，林容许任副主任。

1969 年

4 月，组织垦荒队在横坑地块种植"鸠坑"茶叶 600 亩。

同月，划给部队土地 400 亩（包括红卫山部分茶园）用于创办舟嵊要塞区农场（茶厂）。

1970 年

是月，新建两幢标准化厂房做珠茶初制加工车间，面积约 2000 平方米；茶叶由半程机械操作进展到全程机械操作，从原来 84 型双锅杀青改为统一采用 80 型滚筒杀青（杀青机 6 台），从大型木制揉捻改用 55 型机械揉捻（揉捻机 8 台），百员半自动烘干机改用全自动链带烘干机（两台），大大减轻了茶叶加工劳动强度，提高了生产加工效率。

是月，在场部周边和横坑沙石地块培土开垦种茶 500 亩，茶树品种"鸠坑"。

1971 年

5 月，王多兴等一批被批斗的干部获解放。

是月，茶场在部分干部和茶技人员带领下，大兴茶园基础设施建设。随着茶园开采面积的扩大，积极争取国家支持，逐步解决生产加工用房，增添机械设备，并开始长远规划茶园的支道与主道，修造茶园间排水沟、蓄水池、氨水池等基础设施。

1972 年

是月，经县革委会和生产指挥部任命，石时定同志担任场党支部书记兼革委会主任。

4月，接收县内务局、知青办第一批知青20余人，打破了办场以来108名职员（不包括家属和子女）的固定人数。

6月，经县革委会和生产指挥部批准，同意从全县各有关公社（大队）选调10多位大队负责人，来茶场充实中层班子（时称"掺沙子"）。

是月，第一批工农兵大学生（浙农大茶学系毕业）滕国华分配到茶场，担任生产课技术员。

1973年

组织职工集中开垦燕墩山沙石地和红卫山地块，进行大面积培土种植茶叶，同时修渠筑沟、规划道路等。

是月，孟照惠同志等被干部获解放，孟照惠调离茶场，任县运输公司党支部书记。

是月，省农业厅分配茶场日产五十铃（5吨）汽车一辆。

1974年

新建造厂房一幢用作平炒青连续化车间，约1600平方米。该平炒青（珠茶）初制机械化、自动化、连续化、流水线加工科技项目当年被列入国家农业重点"星火"计划项目。设计责任方为中国农业科学院杭州茶叶研究所，郑尊诗研究员主持该项目实施。

10月，招收第一批在职干部、职工子女10余位，成为茶场正式工。

12月底，盈利7.16万元。标志着奉化县茶场开始扭亏转盈，此为历史性突破。前9年合计亏损60.5万元。

1975年

2月，招收第二批在职干部和职工子女5位。

3月，杭州茶叶研究所对连续化"平炒青"初制成套设施进行安装调试，并组织连续化车间操作人员进行集中培训，内容涵盖车间各项规章制度、操作规程、加工工艺流程及设备的使用和保养等事项。

6月，浙农大茶叶系毛志芳分配到茶场，担任生产课技术员。

1975年奉化茶场茶园喷灌面积达1500亩，为浙江省重点示范点，当时属全国先进，甚至世界领先。

（注："文革"十年，茶场各项工作处于半瘫痪状态，建设、发展受阻。期间茶场开垦茶园1500亩左右。除茶场职工外，补充外来劳力主要是来自绍兴和周边乡村的临时工。至1975年年底，茶园面积达3168亩，其中幼龄茶树1874亩，开采茶园约1294亩，总产4147.84担。陆续新建初制加工厂房2幢，连续化车间1幢，逐步调整茶类结构和完善基础设施建设。）

1976 年

2月，茶场接收县内务局、县知青办分配的第二批知青60余人。

6月，经奉化县革委会和生产指挥部决定，张金树同志担任场党支部书记兼革委会主任，林容许、竺海潮任副主任；石时定同志调任西坞区委书记。

春茶开摘到茶季结束，杭州茶叶研究所陈尊诗研究员一直留场攻关连续化车间流水线，实行边试制边完善各类茶机和机电装备。

1977 年

3月，新建年产万担以上精制加工厂房2幢，茶叶仓库3幢，审评室、匀堆房和装箱车间等用房，建筑面积6000平方米，并交付使用。

9月，中国农业科学院杭州茶叶研究所组织全国茶叶专家30余人来场验收"国家重点农业项目"平炒青（珠茶）初制机械化、自动化、连续化成套设备和经济效果。

12月，进入浙江省部分高产国营茶场之列，茶园面积为3170亩，幼龄茶园1677亩，投产茶园1493亩，亩产为327斤，总产4880.5担。

1978 年

2月，经县革委会和生产指挥部任命，荆开兴同志任茶场党支部书记，张金树同志调任江口区委。

4月，经县革委会任命，程孝清同志任茶场副主任。

6月，经省计经委批准同意，建立精制车间。前期生产初制毛茶，出售给县供销社采购站初制毛茶，统一调运给绍兴茶厂进行外销茶加工。

7月，新建精制茶厂加工需要，茶场选派18名职工赴浙江省三界茶厂学习珠茶加工技术，由茶厂厂长宋荣林带队，学期一年。

9月，浙农大茶叶系招收场技术员毛志芳为研究生。

1979 年

2月，浙江省茶叶收购标准改革后，全省收购牌价总水平略有提高。当时高档茶少，低档茶量大，为此高档茶价格多有提升，中档茶价稍提，低档茶降价，总水平基本维持不动。

3月，经县委任命，王淦昌同志任茶场党支部副书记。

4月，撤销茶场革命委员会，恢复场长负责制。

5月，省农业厅调拨"钱塘"牌5吨汽车指标一辆。

6月，精制厂部分主要技术骨干继续赴三界茶厂学习巩固珠茶精制加工技术。

10月，首批精制外销茶2393.54担调往中国土畜产进出口总公司上海茶叶进出口分公司。

11月，场办工业（八响机械厂）等逐渐兴起，并聘请上海、宁波退休技工来场工作。

12月，接收温岭建设兵团部分返乡回城人员。

是年，加入浙江省农业厅建立的全省病虫害防治联系网。

1980 年

2月，奉化县委县政府调任荆开兴同志为县统战部部长，任命程孝清同志为茶场党支部书记，王淦昌同志为副书记，滕国华同志任副场长。

4月，奉化县"五七"干校搬迁，逐步移交房屋、场地。

8月，安排第二批温岭、黑龙江建设兵团返乡回城人员到茶场工作。

9月，茶场于城关镇南山路创办县农工商公司，安排职工与子女29人，实行独立法人单独核算，自负盈亏。

10 月，宋光华前往北京参加全国农垦系统"国庆农产品"展示。

12 月，浙江首家茶叶专业外贸公司——中国土畜产进出口总公司浙江省茶叶分公司成立。

12 月前后，调往绍兴茶厂（设立珠茶拼配厂）成品茶 4918 担，部分眉茶调往上海茶叶分公司。

1981 年

开始逐步推行联产承包责任制，茶叶生产小队茶园分配到户（人）。

3 月，省政府推出《关于茶叶确定收购基数，超产分成和超购减税、让利的试行办法》，茶场投售的精制茶也相应给予减征工商税。

5 月，省农业厅调拨"东风"牌 5 吨汽车指标一辆。

10 月，开办食品厂（康康饼干厂）一家，实行单独核算，自负盈亏。

12 月，县"五七"干校搬迁工作结束，房屋场地全部交还给茶场。

1982 年

2 月，滕国华同志调任溪口区担任副区长。

3 月，奉化县委县政府任命董鹏亚同志担任场党总支书记兼副场长，王淦昌同志为副书记、副场长，黄汉章同志为副场长，程孝清同志调任县农工商公司党支部书记。

7 月，省农业厅调拨"上海"牌 1.5 吨汽车指标一辆。

10 月，精制茶加工后全部调拨绍兴新建出口茶叶拼配，地址在绍兴市五云门外贸仓库。

1983 年

2 月，根据县内务部和政府部门文件精神，调整 30% 工资，采用"三上三下"办法实行。由场部推荐提名，各职能部门、大队、茶厂、工业、后勤等部门讨论，最终由场党总支和行政班子确认通过。

3月，王淦昌、黄汉章两位同志退休，经县农工部决定，任命彭世尧、宋光华为副场长。

6月，全省部分地区出现"卖茶难"，茶产区企业库存增大，经营亏损。为避免茶叶库存积压，茶场实行多渠道经营，部分内销茶销往广东省茶叶公司和上海市茶叶公司。当年成品茶超万担，由省茶叶进出口公司下达茶叶收购调拨计划。

12月，筹建青春服装厂。

当时政策允许企事业单位人员退休或提前退休时一对一顶替，加之返乡回城职工进出频繁，因此，茶场职工流动变化较大。

1984 年

2月，奉化县供销社茶厂受内外资产销矛盾逐年增大影响，库存积压，出口量受限，经营亏损严重，经县政府、计经委、县供销社同意批准，将计划内毛茶（平炒青）和外销茶调拨任务划归茶场接收，茶场开始实行"两块牌子，一套班子"。

3月，省政府《关于1984年茶叶产销工作几个问题的通知》指出，在保证完成国家派购任务以后，多余部分可以卖给国家，也可以自由流通，从此结束了茶叶二类产品按一类管理，统购统销的历史，实行茶叶多渠道经营。

5月，成为全省十八家生产出口茶叶重要基地单位之一，生产的"天坛"牌特级珠茶荣获世界金质奖，颁奖典礼就在杭州茶人之家举行，茶场（厂）宋荣林出席。

10月，就茶叶产销出现的新问题在杭州茶人之家进行研讨。会议认为，要改善茶叶产销，必须进行结构性调整和改革，必须把产销重点放在茶叶市场，实行多元开放，多渠道流通。

🌱 1984 年西班牙马德里第 23 届世界优质食品评选大会，天坛牌特级珠茶荣获金质奖

　　1984 年 9 月，在西班牙马德里举行的第 23 届世界优质食品评选会上，有 60 多个国家和地区的人士参加，浙江省茶叶进出口分公司经营出口的天坛牌特级珠茶，是中国在这次评比会上获得的唯一金奖，也是新中国成立以来，浙江出口商品获得的第一枚国际奖章。当时，世界优质食品评选，由国际优质产品评选协会主办，由美、英、法、比等 10 多个欧美国家的一些著名人士组成。评选活动始自 1961 年，后来每年在欧洲举办一届。

　　为庆祝天坛牌特级珠茶获得金奖，1984 年 11 月 30 日举行庆祝大会。浙江省委、省政府领导出席庆祝会，并在会上指出，天坛牌特级珠茶荣获世界金奖，同在奥林匹克运动会上获得金牌一样，都是为国争光。天坛牌特级珠茶当时得世界金奖，在全球反响很大，奉化茶界人士为珠茶做出的卓越贡献，也受到了各界关注。我国著名书法家沙孟海为庆祝会送来条幅，上书"金蕾珠蘽"四个大字，以示祝贺；当时浙江农大教授、茶叶专家庄晚芳也写了热情洋溢的贺词："嫩芽细显精，炒制成珠灵，天下传其味，祝获金奖品。"——节选自方乾勇《奉茶》一书

1985 年

　　3 月，浙江省茶叶内贸购销与全国同步进入议购议销，多渠道流通阶段。茶场外销出口创汇仍执行指令性计划，出口茶叶货源仍由供销社按省政府下达指导性计划组织收购。

　　5 月，国务院批转商业部《关于调整茶叶购销政策和改革流通体制的意见的报告》。浙江省实行市场与计划双轨制，茶叶内贸、外贸出口并行。

9 月，副场长宋光华同志参加奉化县党校第二期干部班学习培训，为期 2 年。

12 月，原上虞茶场副场长胡耀祖同志调任茶场副场长。领导班子进行大调整。

1986 年

1 月，新的领导班子成立，徐国尧担任党总支书记，彭世尧任场长，竺永庆任副书记，竺海潮、黄汉章任副场长。

此时经营茶场仅靠茶叶一条线已步履维艰，幸亏场办八响机械厂、百花灯具厂、青春服装厂、康康饼干厂和茶厂砖瓦厂等工业企业给茶场带来了一定的经济效益，同时解决了大量职工及家属的就业问题。当时茶场在职职工连同家属达到了 690 多人。

1987—1988 年

受经济形势影响，茶叶销售形势不佳，又开始陷于亏损状态。茶园仍实行联产承包责任制，实行"四定一奖"，即定茶园面积、定茶园等级、定生产成本、定完成产量，超产部分给予奖励。场办工业也在当地经济劣势下开始逐家关停，最后只留存砖瓦厂和八响机械厂。

1989 年

针对困境，领导班子探讨茶场的生存、突破与发展之路。最后确认以茶叶生产为主轴线，发展名茶生产，同时对茶叶进行深加工。首先借助以往销售茶叶形成的关系网，联系上台湾茶商，尝试生产台湾青心乌龙茶，具体由生产副厂长范若龙负责，试制样品得到了台商的认可。可惜最终进行批量生产时却由于设备等因素影响没能成功。

这年，茶场还拓建了近 3 亩茶园，种植"迎霜"茶叶品种，作为可提前采摘的优质名茶基地。同时引进小型 40 杀青机、微型揉捻机、机制龙井机等加工名茶的先进生产机械，并成功生产出了扁形茶（类似龙井茶），制作了包装，注册商标"雪窦寺"雾尖。这款优质茶得到了时任奉化市委书记章猛进的称赞。由于当时人们对名茶认知度不是很高，且制作难度大，此款名茶于一年之后停产。

1990 年

3 月，徐国尧获悉，利用茶粉茶末等可提取咖啡因，遂带领范若龙、陈士军等人赴福建、安徽、湖北恩施等地学习、取经、签约，茶场办起生化厂，成功提炼出高纯度咖啡因，每公斤售价高达数万元。但奉化市卫生局下属知名企业步云集团在审批等相关手续上比茶场有优势，经双方多次协商，该项目以 28 万元的价格转让给了步云集团。

1991 年

上半年，领导班子调整为：徐国尧任书记，竺海潮任场长，樊中华、舒建华任副场长。

这年正值中国社会主义市场经济体制正式确立前一年，茶场发生巨大变革。年初，中央出台试办小型家庭农场相关文件，实行自主经营、自负盈亏的方针政策。省农垦局也同步下发相应文件。在宁波市农业局农场处的指导下，茶场组织相关人员赴兄弟茶场、公司参观调研，学习先进经验和配套措施。回来后反复研究，结合茶场实际情况，因地制宜，将茶场下属的工厂、茶园、后勤服务、运输管理等能够自主经营自负盈亏的部门，试行家庭式承包责任制，相应补贴、额定上交指标都进行公开的招投标，并签订相关经济合同。具体为：位于康亭和下横点、新建的茶园和初制茶厂由 17 户左右人家承包，以杨树明、毛节良（蒋平儿）等人为主；精制茶厂则由原新昌县茶厂的章平甫等人承包；砖瓦厂由严阿六承包；八响机械厂由鲍基广承包。其他的食堂、幼儿园、招待所等也进行了招投标。工资制不复存在，铁饭碗被打破，茶场首次产生了下岗工人。班子成员顶住改制带来一时动荡的压力完成了这次大变革。对下岗人员每月发放 120 元生活费，保证了职工的最低生活标准保障。茶场收支进入平衡状态，经营进入稳定期。

1992 年

国家下达茶叶出口指导性计划的最后一年。

徐国尧获知，奉化泰兴罐头厂老板、台商陈宏城欲将在台的茶厂迁来奉化作为新的投资。徐突破重重障碍与陈商谈，并初步达成合作意向。

1993 年

年初正式商谈，确定三家合作投资企业。第一家奉化茶场以厂房和土地作为投入，占股权的 30%；第二家宁波土畜产公司以现金 6.9 万美元占股份的 10%；而台商香港富升发展有限公司以设备和美元投入，占股权的 60%。三方携手成立宁波奉新茶业有限公司，组成五人董事会，徐国尧任董事长，台商陈红章为副董事长，竺海潮、陈宏邦、尤伟平为董事。主营日本蒸青茶。

10 月 28 日，经宁波市工商局批准，宁波奉新茶业有限公司正式挂牌。

12 月，陆续引进生产设备。这是浙江省第二家引进日本蒸青茶生产技术的企业，另一家是杭州的三明公司。

1995 年

4 月 20 日，合资企业正式投入生产。设备在生产中逐步进行调试。春茶一季完成了 68 吨日本蒸青茶，全年总体完成外销蒸青茶叶 126 吨。

值得一提的是，公司收购的鲜叶全部来自原茶场承包户。这些承包户以杨树明为代表，他承包的厂房也作为茶场股份投入奉新茶业有限公司。杨树明一年的鲜叶收入在 140 万元左右，是茶场承包的高效益典范。

1996 年

随着市场的发展和设备使用的熟练顺当，茶场茶叶产值达到高峰，年产日本蒸青茶 360 吨，销售额达到 113 万美元。企业被奉化市政府评为农业龙头企业、先进工业企业、AAA 信用企业。

1997 年

由于宁波土畜产公司企业内部调整，奉化茶场的出口配额转移到了省茶叶公司，公司购买配额价格从每吨 2300 元降至每吨 300 元，公司的经营负担大大减轻。

1998—1999 年

康亭茶区部分茶园被高速公路和奉化服务区征用。

4 月，宁波土畜产公司从宁波奉新茶业有限公司退股。

2000 年

4 月，根据市农林局要求，宁波奉新茶业有限公司作为林业系统在场的第一个改革转制试点，对茶场在奉新公司 33% 的股权在茶场原职工中进行公开招投标，定的基数为 41 万元人民币。在招标过程中，二标招标人、台商陈宏城以 76 万元赢得标的。至此，宁波奉新茶业有限公司的性质由合资变为独资，根据宁波林业局意见，公司原持股的茶场职工全部买断工龄，奉新公司就此重组。

2002 年

春季，奉化市农林局对茶场实行全员买断工龄，500 多名职工每位每一工龄 1200 元 / 年，茶场的可变资产除划拨到市政府的 2400 亩茶园外，其余资产包括茶园均向社会公开拍卖。至此，奉化茶场的历史使命完成，茶场的版图亦从奉化地图中消失。

2005 年

冬季，宁波至温州的铁路兴建，甬台温铁路从中间贯穿奉化茶场的茶园。

奉化火车站和粮食储备仓库兴建，征用茶场 500 多亩茶园；另外置换给部队茶园 800 多亩；余下的茶园均移交给了尚桥科技园区。

由于茶园面积大幅度减少，台商独资企业奉新茶业有限公司的股权转让给了徐国尧成为私营企业，转让价格 300 万元人民币。

2011 年

奉新茶业有限公司因兴建工业园区，企业停办，跟国营奉化茶场相关的一切似乎就此湮灭。

……

如今，这一片叫做尚桥科技工业园区。

从奉化市区沿着金海路往东行驶，过"尚桥科技工业园区"指示牌后右拐至唯一一条宽阔的水泥路，继续往里行驶，沿途钢筋水泥森林遍地耸立，上规模的现代化企业一家连着一家。快到火车站时从左侧一条稍大的岔路拐进去，可以看到零星分布的茶园，仿佛被切割的绿毯，扔得东一块西一块。抵达康亭村，站在昔日奉化茶场的西首位置，2005年冬兴建的甬台温铁路从中间贯穿，长长的洁白的动车呼啸着往返；附近更有奉化火车站、高速服务区、加油站等配套建筑设施星罗棋布——当年那片一望无际的茶园已所剩无几。它们就像零星火种，在时间里留下草蛇灰线，也在这片绿色原野悄悄伏脉，虽称不上千里，但一路散布于甬台温铁路两侧沿线，如尚桥村奉化火车站旁的雨易山房、西坞石桥村的涧萌茶业、西坞山下地村的久峰茶场等，而这些茶场的主人们正站在前人的肩膀上，沿袭着茶场的优良基因与传统，亟待脱胎换骨，创造出新的传奇。

第八章

宁波茶业"航母"奉化雪窦山茶叶专业合作社成长记

宁波市奉化区雪窦山茶叶专业合作社成立于 2002 年 3 月，是宁波市首家、浙江省第二家名茶专业合作社，省示范性农民专业合作社，"雪窦山"品牌为中国驰名商标和浙江省著名商标。合作社拥有茶园基地 12000 余亩，主要分布在尚田、西坞、莼湖、溪口、松岙、裘村及大堰等地海拔 300 ～ 600 米的高山上，气候温和，植被丰富，自然环境条件优越。生产的"雪窦山"牌奉化曲毫以其"色绿、香浓、味醇、形美"在宁波名茶中独树一帜，深受消费者喜爱，是"浙江省名茶""浙江名牌（农）产品""国家生态原产地保护产品"，并通过有机产品认证。在首届"世界绿茶大会""中国国际茶叶博览会"上独占鳌头。之后连年包揽"中茶杯"金奖、"中绿杯"金奖、"国际名茶"金奖等数十项奖项，跟余姚的"瀑布仙茗茶"、宁海的"望海茶"一起跻身宁波名茶之列。2021 年 6 月，"奉化曲毫"拿到国家农村农业部农产品地理标志登记证书。

这么一个了不起的合作社，从酝酿到发展成今天的规模，到底走过了一条什么样的路？让我们一探究竟吧。

奉化地处浙东沿海，西承天台山脉与四明山脉，呈"六山一水三分田"地貌，气候温和，雨量充沛，是茶叶生产最适宜区。据《奉化市志》载，奉化产茶始于唐代；"茶圣"陆羽也在《茶经》中提到"四明有大茗"。

农产品地理标志
登记证书

中华人民共和国农业农村部

经审定，登记申请人申报的农产品符合农产品地
理标志登记条件和相关技术标准要求，准予登记并允
许在农产品或农产品包装物上使用农产品地理标志公
共标识，特发此证。

核准登记产品：奉化曲毫
登记证书持有人：宁波市奉化区农业技术服务总站
产品生产总规模：1633公顷，157吨/年
质量控制技术规范编号：AGI2021-01-3338
登记证书编号：AGI03338

🍃奉化曲毫地标证书

　　新中国成立初期，茶叶是农产品出口的重要物资。1965年国营奉化茶场诞生，经过多年发展，曾在全省十大茶场中位居第三，奉化因而荣列全国重点产茶县之一。然而，谁又能知道，到20世纪90年代初，这个拥有3万多亩茶园的重点县市区的绝大部分茶场，生产规模还普遍偏小，茶农跟农民一样赚的只是辛苦钱，整个奉化只有"蟠龙"和"武岭"两只稍微响亮点的茶叶品牌，在宁波都没啥影响力，更遑论浙江或者全国；且茶农们无论种植茶叶还是加工茶叶都各自为政，各行其道，自打品牌，犹如一盘散沙，可谓群龙无首，难成气候。

　　有一个人敏锐地发现了这个问题。这个人就是方乾勇。如果把雪窦山茶叶专业合作社比作一艘奉化茶业界的航母，那么方乾勇就是这艘航母的领航者。方乾勇，奉化后方人，1982年毕业于浙江农业大学茶学系，大学毕业后曾在象山县从事茶叶技术推广工作10余年，有扎实的茶叶生产实践基础。1993年，他受浙江省农业厅指派，赴日本主要产茶区静冈县进修学习8个月，大大开阔了眼界，提高了专业技术水平，对茶产业及相关经济有了全新的认识。1995年，抱着为家乡茶产业崛起奉献心力的决心，方乾勇回到奉化，成为奉化林特总站的首席农技专家。一踏上家乡的土地，他就马不停蹄地对分布在各个乡镇的茶场进行了实地考察与踏勘。一圈下来后，情况基本了然于胸。他提出，要增加茶农收入，必须发展名优茶并打响品牌。他的提议得到了毛家明等人的响应与支持。

1996年，他采用无性系多毫良种茶叶呕心沥血亲自研制的奉化曲毫，犹如一位气质非凡的纯净美人走出了深山，一面世便吸引了众人的目光。1997、1999、2001年，奉化曲毫连续三次获评浙江省一类名茶，并因此获得浙江省名茶称号。

因为奉化曲毫连连获奖，奉化的茶叶影响力大增。但方乾勇思谋着，曲毫质量虽好，价钱也诱人，但奉化现有的茶企规模偏小，形不成强大的产业优势。是不是可以将茶农们组织起来，将他们的茶企联合起来，组建一个茶叶专业联合体，扩大生产规模，使茶叶产业化，促进整个奉化地区的茶经济发展呢？他被自己的这个想法打动，以至于激动得整夜睡不着觉。成立这种新型经济实体的好处实在太多：既能解决各家各户原本分散经营的问题，形成奉化茶农抱团发展的局面；又能通过统一管理的方式，实现茶叶增产，促进销售。茶农收入将因而增加，最终将茶叶产业做大做强。再回想自己创立"奉化曲毫"的艰难，如果能成立这个茶产业联合体，实行统分结合来管理，充分发挥联合体和茶农两方面的积极性，肯定能更好地控制优质茶的成品质量，茶农的品牌意识也将提高，奉化曲毫这款名茶的声誉将得到维护，这块牌子也将打得更加响亮。

方乾勇开始借下乡去给茶农们指导业务之机游说、推广自己的美好设想。他原本以为茶农们一获知"联合体"带来的好处，就会跃跃欲试，全力支持。没想到却遇到了不小的阻力，这是他未曾料到的。首先，第二轮土地承包才过去不久，各茶场好不容易拥有了一套自己种茶制茶乃至销售的方式方法，多数人不愿意被打断或改变习惯思维，故步自封，安于现状。一些茶农认为，再回到联合状态，谈何容易。其次是有些已获准生产"奉化曲毫"茶的承包户，虽然因奉化曲毫身价倍增尝到了致富甜头，但他们担心万一联合体成立，曲毫普及起来，出现过剩现象，自己的既得利益将受到影响。因此，这部分人主张方工放缓推广步子，劝他"稳扎稳打，步步为营"。第三，还有不少茶农囿于习惯，钻在传统茶的樊篱内，不了解也不愿意接受无性系茶叶品种,担心改生产奉化曲毫后万一出了差错,老本都会打水漂。所以,这部分茶农推托说,让别的茶场先行。方乾勇明白,茶农们是怕吃亏,在经济上得不到实惠,遭受损失。这也是现实,因此急也没用。他只能用实际行动来证明这个方向不会错。

与此同时,在市场经济飞速发展的影响下,全国茶业形势一片大好,市场对名优茶的需求与日俱增,给奉化茶产业提供了许多发展商机,"奉化曲毫"承包户们尤其开心,不断扩大经营,赚得盆满钵满,引得那些原本疑虑重重的茶农也开始眼红心动。茶产业发展形势已经不容方乾勇慢慢来了,茶产业联合体的成立势在必行。于是他根据茶叶生产态势和市场走向,向奉化农林部门做了汇报。在深入调研并广泛征求茶农意见的基础上,农林部门听从方乾勇的建议,决定扩大无性系良种茶园面积,并提倡行业管理。就这样,1999年6月30日,奉化市茶业协会成立,方乾勇任秘书长。

他老早就想好了,要为奉化曲毫注册一个响亮又动听的商标,同时这个名字最好还能为这个茶产业团体所用。很快,"雪窦山"这个名称就应运而生。雪窦山为四明第一山,位于国家5A级旅游景区、旅游重镇奉化溪口镇西北部,是中国佛教名山之一,是佛界号称未来佛的弥勒佛的道场。雪窦山以优美的自然风光著称,有"海上蓬莱,陆上天台"之美誉,更因北宋仁宗皇帝梦中到此一游而得名"应梦名山",是奉化旅游宣传的重要品牌。奉化最优质的名茶及整个茶产业以"雪窦山"来命名,太合适了。

在向工商部门申请注册"雪窦山"商标之际,奉化的茶叶生产又上新台阶。而奉化茶业协会作为社会团体,经营范围和体制已不能适应市场经济发展需求。于是,方乾勇紧锣密鼓想方设法于2000年成立了"奉化曲毫"产销联合体,以经济联合体的形式来解决茶业协会的不足。刚成立的产销联合体只有5个成员,即奉化林场、奉化尚桥茶场、西坞良种示范茶场、尚田印家坑茶场和条宅茶场等。联合体成立后,5家成员茶场所产奉化曲毫茶售价高达300元每斤,且供不应求,收入远超其他茶场。可以说,这个产销联合体用它的生命力,昭示和引领了整个奉化茶叶产业的发展方向。

联合体使奉化的茶产业一路向好。但还是有茶农依旧处于以家庭为单位的经营状态，粗放式管理，种植技术欠缺，生产出来的茶叶品质得不到保障，再加上市场信息闭塞，每到茶叶丰收季找不到销路，损失惨重。方乾勇看在眼里，急在心里。他很快有了一个更大胆的设想：在奉化曲毫产销联合体的基础上，再成立一个体量更大，同时更专业、更完善的茶叶产业合作组织。恰逢某日他在《人民日报》上看到一篇文章，文中指出：专业合作社是建立在农村家庭联产承包责任制基础上的，是对农村体制的进一步丰富与完善，是扩大生产经营规模的一条途径，对于提高农民民主意识、合作意识、学习意识、监督意识、法律意识将起到巨大的推动作用。品读完文章的方乾勇更加确信：建立茶叶产业合作组织是符合整个形势发展的，这对于奉化茶叶的品牌、质量、管理等方面大有好处，茶叶的

河泊所基地

品控问题和难上规模的瓶颈也将迎刃而解。"就叫合作社吧。"他脑子里迅速形成初步方案，决定以"公司＋农户＋合作社＋基地"的方式来运作。

2002年3月20日，"奉化曲毫产销合作社"应运而生，在之前5家成员的基础上，又增加了27家承包户，合作社首批成员达到32家。成立大会上，省农业厅高级农艺师黄娄认定这在宁波市属于首家，浙江省则是第二家。她还肯定说："实行茶叶专业管理，是茶业经济发展方向，是所有茶农的希望所在，你们选择的这条路走对了。"

2003年，雪窦山商标注册成功。合作社便更名为"奉化市雪窦山茶叶合作社"，翌年定名为"奉化市雪窦山茶叶专业合作社"。

　　合作社带领奉化茶农进行规模化生产，品牌化运作，同时制定出台"奉化曲毫"品牌管理办法，深入实施"统一品牌，统一标准，统一包装，统一价格，统一监督管理"五统一战略措施，对采摘、加工、销售、包装都进行了统一管理，改变了以往茶农自产自销、散户经营的模式，从而为"保证质量，扩大产销，节约成本，增加效益"夯实了基础。作为全面的技术型专家，方乾勇还一如既往深入田间地头对茶农进行技术指导，通过对原有茶园实施土地资源改良、引进无性系良种以及先进种茶技术，大大提升了茶叶品质，形成了一套成熟的生产管理体系，对茶叶的施肥、打药，都有统一的严格要求和标准，以科学化的模式保证鲜叶的质量和安全。合作社还通过走出去参加博览会和请茶叶专家进来观摩、授课等形式，积极拓宽市场。同时完善包装，进一步提高茶叶的附加值。年终合作社还将根据茶叶质量、数量、等级等，跟社员们进行"分红"。"开窍"了的合作社成员们都有了可观的收入。

　　几年运作下来，全市名茶产销开创了新局面。宁波市级、浙江省级示范性合作社等荣誉接踵而至。要持续打响名茶品牌，没有一定的基地规模，就会落空。方乾勇按照市里"区域化布局、规模化生产、市场化经营"的指示，不遗余力抓好名优茶基地建设的要求，先后安排引进福鼎白毫、浙农 113、浙农 139、翠峰、歌乐、元宵绿等 10 多个名优新品种，新增无性系良种茶园 8000 多亩。2007 年，奉化为配合宁波万亩特色产业基地建设，将重点放在奉化林场、西坞茶叶良种场、条宅、印家坑、南山、大雷山、河泊所、峰景湾、山川、笔架山、董李等茶场的 10200 亩名优茶基地，建成了 1000 亩高标准名优茶核心示范区，并在西坞茶叶良种场、南山茶场、安岩茶场等安装高级喷滴灌设施，以增强茶叶的抗旱和抵御晚霜冻害能力。2010 年春，又建成高标准名优茶基地 1280 亩，其中 100 亩以上名优茶基地 28 个，500 亩以上的名优茶基地 3 个，良种化率达到 36%。雪窦山茶叶专业合作社引进金观音、黄金芽、翠岗早等附加值高、经济效益佳、市场竞争力强的新品种。生产的"雪窦山"牌奉化曲毫从 2002 年的 10 吨增加到 320 吨，产值从 40 万元猛增到 2810 万元。这些令人信服的数字充分说明了"雪窦山"牌奉化曲毫的发展轨迹。

　　眼看雪窦山茶叶专业合作社的社员们腰包都鼓鼓囊囊的，合作社还能帮助他们克服资金、技术、管理、采制、包装、营销等方面碰到的困难，其他茶农也都跃跃欲试起来，纷纷想加入这个团体。但是要加入合作社，设置了很高的门槛。合作社规定，入社社员首先必须符合以下三条硬杠子：茶园承包面积须在 50 亩以上，承包期在 20 年以上，生产茶叶的厂房设备必须符合 QS 质量安全认证标准等。如果达到了这三个要求，新加入社员发展名优茶，茶园的气候条件、地理位置、名茶品种、茶叶加工还都得由方乾勇严格把关，生产的奉化曲毫更必须经方乾勇验收合格后，方可打"雪窦山"牌商标，否则依然淘汰出局。那段时间，方乾勇变得很吃香，经常有上级领导给他打来电话说情，请求让从事茶产业的亲戚或朋友加入雪窦山茶叶专业合作社，但方乾勇一概把社里明文规定的硬门槛搬出来将这些请求挡了回去。他说，设置这些的目的是让所有社员都能着眼于产业的长远发展，以茶为主业，全身心投入，并有自律意识，维护奉化名茶的声誉。

当奉化名优茶基地达到 1 万多亩，有上百户茶农时，技术指导却只有方乾勇一个人。方乾勇脑中有张奉化茶场的活地图，哪里有名优茶园，哪家种着无性系良种茶树，哪处低山缓坡建有茶厂，他都了如指掌。多年来，他黑瘦的身影几乎天天在各个茶园之间奔走，有时候一天要跑好几个地方。那些名优茶基地大多在海拔 300 ～ 500 米之间的高山上，只要茶农一个电话，他就会放下手头工作，驾着他那辆有着"科技直通车"雅号的 SUV 赶去，连行驶带爬山一两个小时是家常便饭。王坚强、张国瑞、方谷龙、胡宏祖、李再能、陈文渊、邬志康、邬哲君、孙密儿……这些合作社社员都是方乾勇一手培养的。他们都说，自己的茶场能迈进合作社的高门槛，并不断扩大规模，方工功不可没。这些人正形成一个庞大群体，成为推动奉化茶产业发展的一支中坚力量。

方谷龙为董事长的南山茶场地处海拔 500 多米的高山，茶园四周植被丰富，森林茂盛，山间云雾缭绕，茶园中建有两座山塘水库，发展高山有机茶的生态条件得天独厚。为建设好有机茶园，方乾勇从茶园选址、选购茶苗、种植培育、施有机肥、生物防治等方方面面各个环节都悉心指导，严格把关，每年登临南山茶场至少 20 次。在他的指导和扶持下，通往茶场的水泥路浇筑起来了，全奉化独一无二的高标准茶厂建造好了，后经中绿华夏有机食品认证中心验收合格，南山茶场成为奉化首个有机茶园。从事种茶制茶 20 多年的南山茶场总经理张国瑞凭

南山基地

借高超的曲毫茶炒制技艺，经方乾勇力荐，获评奉化曲毫茶制茶非物质文化遗产继承人。

松岙镇峰景湾茶场场长李再能 1984 年起就从事茶叶生产。2000 年他举债 30 万元承包 180 亩荒山，签下 60 年承包合同。在加入雪窦山茶叶专业合作社之前，他带领全家辛勤劳作，开荒种茶，曾遭遇大批茶苗未能成活、采茶工遇车祸等天灾人祸，但依然不畏困苦，初心不改，方乾勇闻知感动不已，不辞劳苦一趟趟赶赴松岙指导李再能科学种茶，并给予他全方位的支持和帮助。反过来，李再能对方工也极其信任，雪窦山茶叶专业合作社一成立就申请加入，成为首批社员。2009 年，李再能不仅还清了债务，还在峰景湾造起别墅，连同 500 多平方米茶叶加工车间，购置制茶机器，彻底改变了贫穷的家庭面貌。2012 年李再能的茶场净收入 30 多万元，往小康路上迈出了一大步。就在这年，他的儿子李光达见茶产业前景广阔，毅然辞去年薪 20 多万元的模具师傅工作，接过父亲手中的接力棒，开始打理茶山，管理茶场。2016 年开始在宁波开起奉化曲毫专卖店，并在雪窦山茶叶专业合作社和奉化区茶文化促进会等机构和领导的安排和促进下，拜师张国瑞，成为奉化曲毫茶制茶技艺非物质文化遗产的最新传承人。2018年扩大经营时，独创书、茶结合的规模化连锁营销模式，至今已在宁波莲桥第、鄞州宝龙广场、南塘老街等集金融、商业、文化元素于一体的重点地段开设奉化曲毫茶书院5家，享誉甬城，为打响奉化曲毫等优质名茶品牌做出了不小贡献。

峰景湾基地

　　合作社以市场为导向，以效益为中心，不断开发弥勒禅茶、弥勒香茶、宁波白茶等"雪窦山"牌系列名茶，深受消费者喜爱。合作社良好的发展势头离不开上级有关部门的大力支持。在打品牌、拓市场、增效益方面，区里向来不遗余力。区里每年为茶业投入的广告宣传费用50多万元，"雪窦山"品牌的知名度和美誉度大大提高。全国各大中城市均设立了奉化曲毫等"雪窦山"牌系列名茶促销窗口，如今更是利用线上线下网络销售平台，销售半径不断扩大。合作社各种科研、投资项目也得到了区里的批准和大力扶持，如2010年申报的名优茶"中低值茶鲜叶资源增值开发研究与示范"获得国家星火计划立项，项目成功落地后，奉化全区范围内的夏秋茶资源不再年年浪费，茶叶综合效益获得显著提高。2012年，省级农业标准化示范区验收通过，此项目投入资金 1200 万元，添置各类茶加工、包装机械及喷滴灌设备等，建立示范核心区域面积 1200 亩，辐射面积 11800 亩，示范带动 210 家茶农年增产增收 540 万元。就是在这样多方携手、共同呵护的情况下，合作社出现了名优茶面积与产销规模呈几何级快速增长的良好态势。

方乾勇说，进一步打响奉化茶叶品牌，振兴奉化茶产业、茶科技、茶文化，归根结底就是让茶农和百姓实现双赢，这是雪窦山茶叶专业合作社的终极目标，也是他个人永远的努力方向。前行之路虽任重道远，但他不会放弃，并将为之不懈奋斗。

第九章

宁波白茶第一村

2017 年 5 月 6 日，一个春天的周六早上，位于天台山余脉深处、奉化西南边远山区大堰镇与新昌县交界处、海拔 700 多米的董家岙村笼罩在蒙蒙细雨中。群山叠翠，空气清新，大片大片的茶园随着山势连绵起伏，仿佛春姑娘正扬起淡绿的衣袂与裙裾翩翩起舞。趁着采茶尾季，采茶工们身上披着彩色雨衣点缀在茶垄间，辛勤地采摘着散发馨香的白茶，这情景像一幅美丽的画卷在天地间铺展，充满了生机、活力和动感。随着雨意渐收，天空逐渐清朗起来。采茶工们不知道，此时此刻，他们连同整个画面已经落入一位重要来客的眼帘。只因心中牵挂着董家岙这样相对欠发达地区的民生，这位客人趁着周末休息，不打招呼、轻车简从，翻山越岭，驱车整整两个多小时，悄悄抵达了这个偏僻的小山村。这位客人就是时任浙江省委副书记、宁波市委书记唐一军。那天，唐一军在董家岙村考察村容村貌，又走村入户探访村民，了解他们的收入和村级集体经济实情，聆听闻讯赶来的村支书李孟君的汇报，与基层干部群众一道探讨消除集体经济薄弱村之策。

面对着和蔼可亲的唐一军书记，村书记李孟君开始了一番深情回忆，把在场所有人的思绪扯回到了久远的过去。16 年前的董家岙村还是个贫困村，山高、路窄、地偏、人穷、没资源，不仅在大堰镇、奉化市里出名，在宁波市内也挂上了号。多年来，为了早日帮助董家岙村脱贫，各级扶贫部门动过不少脑筋，市老贫办和大堰镇也多次商讨，但一直没能找到突破口。直到 2001 年，奉化老贫办给出扶贫资金 2 万元，并专门为谋划如何帮助村民脱贫召开了一次村干部会议。

✿董家岙茶山美如画

村书记李孟君针对董家岙村海拔高、土壤肥力足的特点，寻思着村里的老茶园出产的绿茶价格很低，除去人工采摘成本，所剩无几，村民哪怕勤劳肯干，日子依然过得清苦。而安吉白茶名气不小，价格也好，他早有耳闻，遂提出了种植白茶的发展思路。因为白茶只采收一季，平时不需要太多的精力打理，比较符合董家岙村壮劳力缺乏的实际情况。这个思路得到了大多数在场者的赞同。于是村委请来了时任奉化市茶叶首席专家、高级农艺师方乾勇同志。通过仔细勘察山势地形、土壤资源，并分析气候因素，方乾勇认为董家岙村的海拔、气候、土质都非常适合种植白茶。村委班子于是拍板确定，以安吉白茶品种作为村里茶树主导品种。

　　确定发展思路后，说干就干！但由于引种白茶在当时的奉化地区尚属新鲜事，董家岙的村民们普遍持观望态度。一来他们担心种不好这白茶，毕竟他们拿手的是种稻子和花生之类的作物；二来他们闻知白茶比绿茶更高级也更昂贵，万一茶叶没销路，岂不糟糕。李孟君意识到了这一点，便与村委班子反复考虑，最后决定不让村民冒险，先由村干部带头，每人凑钱1万元，1股1万元，试种了 9 亩地。在方乾勇的全程精心指导下，大家像照顾婴儿一样细心呵护茶苗，一步步摸索白茶的种植、培育、养护、采摘方法，辛勤的汗水终于浇灌出硕果，第三年开始，幼龄白茶开始少量开采上市。那一年，每斤鲜茶叶卖到 40 元，第一桶金赚到了！这让村委班子成员有了底气和信心。此后连续数年，在奉化老贫办扶持下，以免费向农民提供茶苗的方式进行推广，董家岙村又连片种下了 30 亩白茶，作为示范推广基地。

当年有一位富有前瞻性眼光的村民，和村干部一起带头"吃螃蟹"了。他就是时年 58 岁的村民李秀善。李秀善年轻时当过民办教师，工资一月只有 20 元；后来有幸进了道班房，月收入提高到了 70 元。当他说要和书记他们一起去种白茶，老婆第一个跳出来反对，说："都快退休的人了，种茶你又不在行，就别给自己找苦吃了。"他只好苦口婆心地解释道："村里好好的山地白白荒着，种上茶叶既能改变山村面貌，我们又能增加收入，一举两得，多好。"见他决心已定，老婆也就不好再反对了。就这样，李秀善成了茶农，他几乎天天扑在茶园里，茶垄间让他拾掇得看不到一株杂草。承包的茶园土质不够好，他就把鲜叶采摘后的二道茶就地覆盖在茶树根部，既能保温，尿素一撒，那层茶叶很快变成腐殖质，土层增厚，还生发出大量的营养物质，土壤肥力也增加了。因此他家的茶树就迅速茁壮生长，长得格外高大，鲜叶也因而格外肥嫩，制作出来的干茶品质也胜人一筹。实践出真知。细心栽培，科学管理，勤于钻研的老李除了第一年茶苗期没收入，第二年就净赚了 3.5 万元，第三年更翻了一番，赚到了 7 万元。尝到甜头的李秀善后来又从别的村民手里转包来更多的茶园，2014 年毛收入达到 35 万元，成为全村收入最高的老茶人。

李秀善的成功固然离不开他自身的勤劳与聪明，他的"蝶变"也离不开方乾勇的精心指导和步步引领。李秀善的茶园地势低，种稻子好，种茶叶不行，他不明所以。方乾勇告诉他，茶树早春易受晚霜冻害，"霜打低地"，因此他的茶园容易受霜冻侵害。安吉白茶（白叶 1 号）属于低温敏感，喜光耐阴，它跟水稻不同，需要有足够的日照。他给老李支了招：可适度改变茶园小气候，提高茶叶品质。老李全盘接受，获益匪浅，老当益壮的他还举一反三，有了创新之举：在茶垄间间植上了金桂树，他家白茶就这样在淡雅的茶香里添上了迷人的桂花香。

👐俯瞰董家岙，老李家的茶厂一目了然

　　老李有钱后，去找方工说，想买一块地，造自己的厂房；有了称心如意的厂房，就能制作出更优质的好茶，广开销路，做大做强。于是，为了给他的厂房选个好位置，方乾勇多次亲临董家岙，四处踏勘，地块附近不能有污染源，有公共厕所也不行，有畜牧场更不行，总之不能有异味，只因茶叶最易吸收异味，品质大打折扣。最后终于找准了村外那片相对偏远但合理的地块。在方工建议下，李秀善买下那块地后先筑起了外围的路。两年后，李秀善的厂房正式建造完毕，一共8间，作业区为主，办公生活区为辅。方工参与了厂房的设计，外部新颖美观，内部布局科学合理，和厂外那条崭新的路成了董家岙村一道亮丽的风景。

　　李秀善笃定地走着他的"少而精"路线，每年亩产值超5万元。用方乾勇的话说，像老李这样的高产高效益"实属罕见"。李秀善还早早为自家生产的白茶注册了"秀溪"商标，他超前的商业意识和远大眼光令人赞叹。方乾勇夸他是引领整个董家岙村白茶产业的佼佼者。

　　而近些年来的极端天气让李秀善敏锐地发现，白茶产业正遭遇瓶颈，5年严寒，霜打下来，有些村民的白茶全军覆没。今年夏季的酷暑使全村的白茶幼龄茶园再度遭殃，村民正面临茶叶越种越多，收入越来越少的可怕境地。对此，方乾勇说，天灾对所有的种植产业都有负面影响，要用科学的方法去应对。他也正为此积极研究，深入探讨，思谋着如何使白茶产业走得更远更长久些。

白茶的经济效益惊人，村书记李孟君 3 年后就收回了本钱，一举脱贫致富，这下村民们羡慕不已，纷纷仿效。年轻的村民俞益光也是其中的一员。俞益光是土生土长的董家岙村人，80 后。他家里经济条件原本就差，高中时父亲得病去世，无异于雪上加霜。2001 年，也就是村中刚开始试种白茶那年，他收到了浙江省公安大学的录取通知书，虽然有做慈善的老板愿意资助他学费，但他去杭州的学校问了，每月生活费至少需要 600 元。可这笔钱家里肯定拿不出。大学上不起，只好放弃，留在村里务农，种父亲遗留下来的水稻、花生，外带打点零工补贴家用，以及供妹妹上学。当时他家全年收入不足 1 万元。当然，话说回来，住在村里，开销也的确不多。但赚的钱仍然不够花。于是那年冬天他就跑去宁波学厨师，另谋出路，并很快找到对象结了婚。

2003 年妹妹高中毕业，老妈年纪也大了，家里的农活忙不过来。老婆当时也怀了孕，俞益光就想着不如回家算了，一来当厨师赚的也不多，二来他理当接过老妈的重担，三来老妈可以一心照顾儿媳、养孙子，安心颐养天年。结果一回来，他就听说村书记李孟君他们已经靠种植白茶赚得盆满钵满。老婆生下宝宝后遇上采茶季，被雇去当了采茶工，回来向他建议，白茶挺赚钱，咱也种起来。夫妻二人一拍即合，跟母亲和妹妹一商量，她们也表示支持。由于茶叶要至少 3 年后才能收益，家里也没多少积蓄，他们就决定先少种点，就 1 亩。作为一名全外行，俞益光兢兢业业勤劳苦干，最后那 1 亩茶园他共销售干茶 4 斤，净收入 2000 多元。高兴之余，俞益光又问别的村民转包了 1 亩茶园，随后又拼拼凑凑零打碎敲，茶园慢慢积少成多，从 2 亩变成了 5 亩。每每来到茶园，眼看着茶垄像一条条柔软的绿毯向远处渐次扩展开去，他胸中便升腾起一股股火热的激情，因为他窥见了种植白茶这条路蕴含着的无限商机。水涨船高的白茶价格和越来越鼓的腰包证实了俞益光的预感，也让他下定决心要将自己的全部精力投入到白茶事业中去，他承包的茶园规模逐渐扩大到了 50 亩，成了当之无愧的年轻白茶大户。

　　见白茶致富路行得通，李孟君和村干部们也更有干劲了。他们开始改造集体的那几十亩老茶园，同时开发闲置或荒弃的杂地，发包给村民，并多次请方乾勇等茶叶专家下村来给大伙培训种茶技术，手把手教村民们种茶。同时紧锣密鼓向上面汇报村里欲做大做深白茶项目的想法，想办法争取扶助资金。因为李孟君意识到，白茶鲜叶固然价格不菲，但是茶叶要获取更多的利润和价值，只有将茶叶加工成干茶才能卖上好价钱——毕竟带领全村群众共同致富才是他的终极目标。功夫不负有心人。2004 年，由奉化市老贫办拨下 10 万元扶贫专款，村里按照计划，用于盖厂房，买设备，通线路。3 个月后，一座崭新的茶叶加工厂拔地而起。头几批白茶采摘下来价格较高，茶叶加工又有了保障，村民们的积极性都被带动起来，村里总共 200 来户人家，有 180 多户人家种茶、制茶，占全村人口 90% 左右，全村白茶种植面积迅速发展到 600 多亩。农户种茶年收入多的达到 60 多万元，少的也有四五万元。村集体也从穷得叮当响，通过发包茶园，每年收入达到 20 万元。

🍵 家家户户种白茶

加工厂由俞益光跟其他三人合股管理，还注册了一个奉鼎白茶专业合作社，拥有了"奉鼎"白茶新品牌。茶叶种得好，不如加工得好。俞益光老早就意识到了这一点。只有好的精品白茶，才能卖出几千元一斤的高价。但如果加工没跟上，就会影响品质，连带着影响销售。请了高级制茶师，用心为村民加工茶叶，没想到，茶叶产量越来越高，制作出来的白茶却因品质不稳定，一直卖不上高价。请了方乾勇来"诊疗"，方工一眼就看出了问题所在：并非制茶师傅技术不过关，而是加工厂厂房太小，设备加工能力不足，再加上各家各户三三两两送鲜叶过来加工，不能及时杀青、烘炒等，品质怎么可能把控得好？制茶师傅的水平再高，分散加工不同批次的茶叶，也不可能做得品质一样好。头两年，大家都亏了钱，大笔银行贷款却实打实得还，合伙人都哭了，有人坚持不下去，退了股。但俞益光经受住了挫折，他知道迫切需要改善的厂房面积问题不是靠哭能解决的，在下一个茶叶加工旺季到来之前，他在厂房外临时加搭了大棚，果然，茶叶堆放的场地大了些，干茶质量开始提升。大家的心都宽了些。

周边的茶农也来他们村加工茶叶，新的设备增添起来，新的师傅再请进来，导致的后果是：厂房又不够大了，茶叶质量又不稳定，茶叶销量又下降了。这次，合伙人全体知难而退，只剩下俞益光孤家寡人还在坚持。他没有临阵脱逃，而是咬牙肩负起村集体茶厂的生产和运转，同时他也在不停地向上面打报告，要求重新选址，建大厂房。这时的俞益光承包白茶将近 300 亩，是村里最大的白茶种植户，也是全村种白茶收益最高的人。2017 年，他在区茶叶首席专家王礼中指导下，开始注重绿色栽培管理，并在村附近茶园里安装了太阳能杀虫灯，大大降低了茶园里化学农药的使用，坚持人工除草，避免使用除草剂，有效改善了茶园生态环境。他在几年前年还积极申报了茶叶绿色产品基地。他承包的加工厂每年要为全村及周边茶农解决加工 15000 多斤白茶产能，还自掏腰包花了 8 万多元改造茶厂申请食品生产企业许可证并获得了通过，为下一步企业标准化发展和品牌化包装奠定了基础。这一次次的坚持付出有力地带动了村民致富——他相信乡村振兴需要他这样的年轻人，他愿意和书记他们一起，带领村民共同致富，为自己的村庄做出自己的贡献。

星星之火可以燎原。此时的董家岙白茶园呈放射之势，迅速发展，隔壁的田

🌿王礼中指导白茶采摘

🌿王礼中指导茶叶加工

墩村、董家村等 10 多个村也纷纷效仿种起了白茶。整个大堰镇的白茶基地迅速发展至 1000 多亩。不少在外经商的人也回了乡，走上种茶、习茶之路。董家岙村村长李茂松就是其中一位。他于 2011 年回乡创业，承包了 70 亩白茶，年产白茶 2500 斤，成为村里致富小能手。

……

那次，亲临一线的唐一军书记看到了董家岙村的新面貌，听村书记李孟君介绍了村里因地制宜，依托独特的生态小环境，发展白茶特色产业，充分有效地将资源优势转化为经济优势，使农户走上脱贫致富路，很是欣慰，说："农村要发展，农民要奔小康，关键是要有一个好班子、一名好带头人。"又转而对同行的部门负责同志说："董家岙村的脱贫致富实践告诉我们，全面消除集体经济薄弱村，既要授人以鱼，加大输血力度，更要授人以渔，增强造血功能，帮助他们打牢自我发展的底子。"唐一军书记最后勉励道："部门帮扶、村企结对，都要把增强农民和村集体经营性收入作为着力点，建立精准扶持、精准施策的长效机制，夯实长远发展的基础，做到送上马之后还要扶一程，确保农民收入不减少、帮扶成果不倒退、壮大集体经济可持续。"

唐书记的肯定更有力鼓舞了大堰镇领导的积极性。2018 年下半年，镇政府专门投入人力和资金，谋划品牌进一步发展和提升，成立了白茶品牌运营小组，由镇政府镇长任组长，分管农业副镇长为主要执行人。11 月由奉化区农业农村局和村集体投资 500 余万元，新建造了名优茶标准化加工厂房 1500 平方米，引进 2 条大型自动化生产线，于 2020 年年初正式投入运营。年产白茶从最初的几十斤变成了 1 万多斤，有效缓解了全镇白茶高峰期加工饱和、质量不过关等难题。镇里还诚聘大堰籍设计师王绍冰为大堰白茶量身设计了新包装，使得大堰白茶实现由农副产品品牌向高档商品品牌的华丽变身。

由于在技术上有宁波及奉化两级茶叶专家保驾护航，在销售上有李孟君、俞益光、李秀善、李茂松以及董建荣等几位销售能手带领农户们积极零售，再加上随着乡村振兴步伐的加快，农户的脑子更活、思路更宽、种茶制茶技术更好，董家岙村现有白茶种植面积 1300 亩，年产茶叶 4 万斤，产值超 2000 万元，跻身宁波市村级白茶产量第一位，获称"宁波白茶第一村"。更带动了整个大堰镇的茶产业，田墩村、万竹村、下旺村等村庄，只要稍微有劳动能力的老人，都或多或少种上了白茶，每家的年收入少则 3 万多元，多则 80 多万元，生活比较富足，老人们的心态也越来越好，一片小小的茶叶，为大堰镇山区农民带来了生活的希望。上述几个村还引进种植了珍贵的黄金芽、御金香等黄色系白化茶优良品种多亩，春夏秋三季，黄金芽茶园会呈现出一片金黄，甚为壮观。且由于一开始黄金芽、御金香的经济效益最高时达到亩产 5 万元以上，一时传为美谈。大堰白茶逐步声名鹊起。白茶产业成为大堰镇农业特色主导产业，盛产期时白茶（含黄色系白化茶）茶园面积达到 1600 亩，年产值 2500 万元左右。

山区农民通过白茶致富的事例受到了宁波和奉化两级政府的肯定与点赞。年轻的共产党员、董家岙村茶农俞益光因一心为公，表现出色，被推举为党代表，参加了奉化区党代会。年轻的血液加入白茶产业中，也让大堰白茶品牌建设和培育有了新生力量。该村大学生董建荣 2017 年从温州回乡，不仅注册了自己的茶叶商标品牌，还成立了电子商务公司和实体专卖店，做上了线上和线下的茶叶生意，将 1000 多斤大堰白茶一销而空，销售额突破了 80 万元，真正尝到了农业发展的甜头，成为大堰镇茶二代的优秀代表。

大堰镇白茶飘香

大堰白茶审评会

大堰白茶美名远扬，最主要的特点是芽头肥壮，满披白毫，叶底嫩匀，汤色黄亮，滋味鲜醇可口，素有"绿妆素裹"之美感，氨基酸含量高，不苦不涩，口感鲜香，是当之无愧的茶中珍品。且因市场需求越来越大，销路越来越广，大堰镇政府及时倡导茶农抱团发展，成立 5 家白茶专业合作社，引导茶农规范白茶种、采、制、售等环节，实行"五统一"，即统一田间管理、统一采摘标准、统一加工工艺、统一包装设计、统一销售价格，进一步提高白茶附加值，整个茶产业已颇具规模。但大堰镇负责人并没有因此止步不前，而是清醒地认识到，乡村要振兴，农业要发展，茶产业还要进一步提升，需要充分利用大堰镇自身优美风光和生态资源优势，以及清新舒适的人文环境，注重食品质量健康安全，打造绿色有机生态小镇，吸引大量游客和茶商主动来到大堰白茶村考察茶园环境和茶叶品质，进一步提升白茶村、白茶镇的人气。2019年，大堰镇在宁波南塘老街举办声势浩大的白茶推介会，更好地扩大了大堰白茶的品牌影响力。

董家岙村名优茶标准化加工厂

　　如今，俞益光负责管理的董家岙村名优茶标准化加工厂就坐落在群山环抱之中，呈L形外观，围墙逶迤，水泥停车场平平整整，从空中俯瞰，堪称气势恢宏。方乾勇参与了厂房的设计，他原本打算将二楼全部装上透明玻璃，一登上楼梯便可看到四面青山和绵延的茶园全景，可惜在具体建造时被改成了现在的普通样式。随着时间的推移和茶产业的稳步发展，白茶高峰期加工饱和、质量不过关等问题再次日益凸显。俞益光说，他希望有更大的厂房和更先进的制茶设备，如果鲜叶能够统一进行加工，白茶品控就不成问题。进村的道路已经变宽，年轻人都会回来。俞益光盼望着国家能够再提高些对农业尤其是茶产业的扶持力度，共同致富乡村振兴就不再是梦。

第十章

奉化区茶文化促进会发展历程

　　茶文化既是物质的也是精神的。它包括了茶的栽培、采摘、加工、贮藏、冲泡、饮用全过程中的文化特征。当社会的物质层面发展到一定的程度，人们对精神层面的需求大增，纯正、深邃、高雅的茶文化应运而生。唐代陆羽的《茶经》之所以传颂千年、声名远播，是因为它给中国及周边各国带来了精神上的极大享受。当茶文化在消费中的比重增加，茶产业自然也随之增长。奉化区茶文化促进会就是在这样的前提条件下，孕育而成。统计数字表明，2010 年前，奉化已有茶园面积 3 万多亩，2010 年茶产量 3000 多吨，实现总产值 8000 多万元；与此同时，奉化市"雪窦山"茶叶专业合作社打造的，以"奉化曲毫"为代表的品牌茶叶在茶界已占一席之地；而受此影响，广大奉化市民不仅懂得了茶叶能保健、明目养神、陶冶情操，而且认识到茶文化的精神内涵，茶文化在群众生活中迅速普及、传播，整个奉化挖掘与推广茶文化的氛围形成。2011 年 4 月，奉化市茶文化促进会在宁波茶促会和奉化区委区政府的指导下正式成立。奉化茶促会由茶文化研究者，茶叶生产者、经营者、爱好者及茶艺师等茶文化相关领域的参与者自愿组成，以不遗余力传播茶文化为己任，大力弘扬"茶为国饮"思想，不断开拓创新，打造茶产业发展平台；举办大型茶事活动、行业培训、商务考察，加强同行间的交流与跨行合作；用心指导茶农生产经营，培养产业相关人才；倡导科学健康饮茶风尚；为推动奉化茶产业发展和茶品牌打造，助力宁波茶文化事业发展做出了积极贡献。

目前，奉化区茶促会共有理事和会员 68 名，成立至今紧紧围绕"促进"职能，精心组织各类"茶事"活动，连续举办"茶文化节"，茶叶品鉴会，"奉茶之夜"广场文艺晚会，"奉茶杯"茶叶擂台赛，"无我茶会"，"茶与健康"学术、公益讲座等各类茶事活动几百场，并多次举办茶艺师培训、茶艺师技能比武，为促进奉化地方茶产品销售立下功劳，同时营造浓厚茶文化氛围，受惠群众上万人次，在奉化百姓中间有良好口碑。典型案例如：

与农林部门联手合作的"奉茶杯"茶叶擂台赛自 2014 年开展以来，已经连续开展 9 年。每年 60 余只参赛茶样，分别评选出奉化曲毫、弥勒白茶和红茶组前三名。评委由国家级专家担任。报纸、电视、新媒体对赛况做全程跟踪报道。此举一方面促使茶企抓质量，另一方面扩大社会影响力。

2017 年茶促会换届，新会长韩仁建走马上任。他捋好思路，搭起框架，围绕主题"茶"开展各项工作，让茶促会服务好政府主体，真正发挥作用。

先是突出主品牌，珍惜品牌效应带来的影响力，继续做好宣传。拍摄奉化曲毫宣传片，与奉化区博物馆、科协、文联、供销社等单位通力合作，强强联动，

专家审评

开展"奉茶之夜"文艺晚会、"无我茶会",举办茶文化节和家庭茶艺大赛,庆祝首个"国际茶日"系列活动、"花间一壶茶——奉化茶文化展",以及"应梦雪窦奉茶曲毫"雪窦山茶文化生活节等一系列丰富多彩、层出不穷的活动,打响奉化茶叶品牌。连年举办"奉化茶文化节",中央、省、市、区等四级媒体都做了报道,以"奉化曲毫""雨易红"为代表的区域性名茶的社会影响力越来越大。

同时调动所有茶企的积极性,全心全意为茶企和茶生产的发展出谋划策,千方百计为茶农们解困纾忧。积极组织茶企参展"杭州茶博会"和"宁波茶博会";借"两会"平台,举行奉化茶叶专场推介会;举办奉化曲毫、大堰白茶推介会,和知名茶场寻茶游、奉化曲毫进弥勒文化节等活动;打造茶场"摄影基地"……尚田方谷龙的南山茶场、胡宏祖的山川茶场,尚桥王建行的雨易山房,松岙李再能的峰景湾茶场等知名茶企,在茶促会的全力支持和帮助下,稳步有序,全方位进步,多面开花。

再是送茶艺培训进机关,打造校园茶艺培训基地,送"茶戏"进社区,举办家庭茶艺大赛,扩大茶文化"四进"(进机关、进学校、进社区、进家庭)范围,加大茶文化宣传;请来中国农科院茶叶研究所和浙大茶叶研究所有关专家、主任医师等专业人士举办"茶与健康"讲座,科普茶叶与健康、茶叶与生活知识,营造全民爱茶氛围。

还注重培养茶企接班人,关心茶二代的成长。他促成李再能的儿子李光达成为非遗"奉化曲毫"制作技艺传承人;力推安岩茶场黄善强的女儿黄亚芳当上政协委员,董家峧村白茶种植大户俞益光当上党代表,雨易山房王建行评上"最美退伍军人"……

热心社会公益事业。2020年疫情初发,他布置安排奉化茶促会将30斤"奉化曲毫"送至宁波援助武汉医疗队领队阮列敏教授手中,支援武汉抗疫;受此影响,茶促会会员企业纷纷做起公益,如雨易山房在仁湖公园、人民医院设摊几个月,无偿为医务人员和群众提供茶水……

挖掘茶禅文化。奉化佛缘深厚,他有心将雪窦打造成茶寺、将奉化打造成茶城。建议雪窦寺发展茶园,将历代高僧的茶诗树碑刻字,选择适当位置建造茶亭,让来宾和香客感受奉化的茶禅文化。

最后是紧跟时代潮流，布好棋局，狠抓落实。他利用自己曾经的水利局局长身份，调研奉化横山水库、亭下水库、葛岙水库等几家大型水库，同时联络宁波市水文化研究会及原水集团，齐心协力谋划实施"好山好水有好茶"计划，旨在挖掘奉化丰富的山、水及文化资源，带动奉化茶产业的社会覆盖面，乃至影响更广泛的领域，如乡村旅游，新农村建设和乡村振兴。

犹记 2017 年 12 月，茶促会会刊改版后顺利面世，新刊名《奉茶》。会长兼主编韩仁建在卷首语中写道，《奉茶》是《雪窦山茶文化》刊物的继续，有双重寓意，一是"奉化好茶"，二是茶促会要为读者乃至全区人民"奉上一杯好茶"。

以下是奉化区茶促会自 2011 年 4 月成立至今的大事记，它凝聚着茶促会各位领导与成员的智慧与汗水，让我们一起见证，饮下这杯"奉茶"——

奉化区茶促会大事记（2011—2021 年）

2011 年 4 月 29 日，奉化市茶文化促进会第一届会员大会第一次会议举行。时任奉化市农林局局长王荣定作《奉化市茶文化促进会筹备工作报告》，会议通过《奉化市茶文化促进会章程》，会议选举奉化市原人大常委会主任何康根为会长，王荣定、李慧敏、杨建华、毛汉江、江龙表、方乾勇、沈永康为副会长，沈永康兼秘书长。首批会员 67 名、团体会员 6 个、理事 26 人。

2011 年 10 月 26 日，何康根、杨建华、江龙表、方乾勇、沈永康等 10 人赴杭州中国国际（省）茶文化研究会考察学习，受到研究会副会长徐鸿道、秘书长詹泰安等接见。考察团参观了中国茶叶博物馆，察看了茶叶基地和"十八棵"御茶。中国茶叶博物馆接受了奉化考察团选送的奉化曲毫茶样，并颁发了馆藏茶样证书。

2012 年 3 月，《雪窦山茶文化》刊物创办。时任市委书记张文杰，副书记、市长陈志昂分别为刊物题词，副市长王海国作序。刊物总编沈永康，副总编王天苍。

2012 年 5 月 13 日晚，"奉化曲毫杯"第四届宁波茶艺大赛在宁波电视台举行，晚会由宁波市农林局、宁波市总工会、宁波市人力资源和社会保障局、宁波市茶文化促进会等单位联合主办。宁波全市 12 支代表队参加决赛，奉化市溪口中心小学"剡溪茶艺队"获小儿组银奖，奉化市"雪窦山茶艺队"获成人组铜奖。

2012 年 4 月 5—7 日，为弘扬茶文化，奉化市茶文化促进会、"雪窦山"茶叶专业合作社、奉化市新艺戏曲团联合主办"奉化曲毫之春"广场文艺晚会，分别在春晖公园、少年宫广场、溪口玉泰盐铺广场举行。晚会内容有与茶文化相关的小品、戏曲等 10 个节目。

2012 年 4 月 15 日，由奉化市茶文化促进会和奉化市摄影家协会联合举办的"茶文化杯"摄影比赛颁奖仪式举行。此次比赛共收到参赛照片 192 幅。经评选，评出一等奖 2 名、二等奖 4 名、三等奖 6 名。

2013 年 4 月 23 日，由奉化市茶文化促进会主办，市作家协会、市书法家协会、"雪窦山"茶叶专业合作社协办的"奉化市'茶文化杯'征文、书法比赛"评选举行。此次比赛共收到文章、书法作品各 30 多篇（幅）。经评定，蒋静波、裘国松、李则琴、王林军、原杰、项小华、沈国毅、陈旭波、陈峰、林崇成等 10 位同志获优秀征文奖，严勇、柳添乐、俞仲华、商和军、杨海川、陈明财、邬世辉、柳子东、施建国、邬良平等 10 位同志获优秀书法作品奖。

2015 年 4 月 18 日，"品奉化曲毫，享健康人生——2015 宁波文化广场品茶活动"在宁波科技广场举行。活动采用茶艺表演、文艺演出、专家评茶、市民品茶等形式开展。30 多家产茶单位集中亮相。宁波茶促会领导郭正伟、鲍尧品、胡剑辉等应邀出席，奉化茶促会会长何康根致欢迎词。

2016 年 4 月 23 日，在奉化市茶促会配合下，由尚田镇政府等单位主办的"茶文化节"在南山茶场举行，活动主题为"观最美茶园，品奉化曲毫"。

2017 年 4 月 28 日，宁波市奉化区茶文化促进会举行新一届会员大会。宁波茶文化促进会郭正伟、徐杏先，奉化区农业副区长鲁霞光等出席会议并分别讲话。会议分别听取并审议通过了《工作报告》《协会章程》，选举产生新一届理事会成员、会长、副会长、秘书长。韩仁建同志当选为会长，方乾勇、毛家明、方谷龙、王玮等同志为副会长，方乾勇同志兼任秘书长。

2017 年 5 月 18—21 日，首届中国国际茶叶博览会在杭州国际博览中心举行，博览会主题为"品茗千年，中国好茶"。奉化区茶文化促进会会长韩仁建带

理事会后与区领导合影

领茶促会和雪窦山茶叶公司、雨易山房等两家茶企代表一行 7 人赴会。中共中央总书记、国家主席习近平向大会发来贺信；时任农业部部长韩长赋做主旨演讲；时任浙江省委书记车俊出席盛会并致辞，时任省委副书记、代省长袁家军出席盛会。

2017 年 8 月下旬，2017 雪窦山弥勒文化节期间，"雪窦山"系列名茶被送进华信、爱伊美、银凤度假村等酒店 500 间客房，成为节庆专用茶。此举受到领导和嘉宾肯定。

2017 年 9 月 8 日，由奉化区茶促会和区农林局联合举办的"以茶廉德——茶文化走进农林局"活动在雨易山房举行。区茶促会副会长兼秘书长方乾勇主持活动，区茶促会理事、溪口中心小学教师孙乌兰做茶叶知识和茶艺辅导。来自农林系统的 36 名干部职工参加了茶艺培训，女性居多。

2017 年 9 月 10 日至 25 日，由奉化区茶文化促进会主办、区雪窦山茶叶专业合作社协办的"奉茶之夜"文艺晚会，由区新艺戏曲团分赴溪口、莼湖、西坞、尚田、锦屏、岳林等 6 个村和社区巡演。新艺戏曲团专门为此次巡演创作了方言快板《奉化曲毫茶》、宁波走书《弥勒禅茶》、方言小品《奉茶情》等 4 个节目，受到市民欢迎。据不完全统计，共有 2000 多位市民观看文艺演出。

2017 年 10 月 22 日上午，由奉化区茶文化促进会主办的"无我茶会"在南山茶场举行，茶促会理事、茶艺组组长、高级茶艺师董苾莉主持活动。32 名茶侣自带茶具和心仪好茶，席地而坐，人人泡茶，人人敬茶，人人品茶，一味同心。在茶会中以茶传言，广为联谊，忘却自我，打成一片。许多茶友表示，这样的茶会形式很独特，轻松自在，以茶会友，以前没有接触过，希望以后多办。

2017 年 10 月 25—27 日，奉化区茶促会副会长方乾勇带领茶促会一行 7 人赴南京市高淳区考察茶文化。考察组先后深入了解了该区的青山茶叶实验场、茶叶协会的茶文化活动开展情况，并与该区主要茶企负责人座谈。一行人对青山茶叶实验场根据市场变化，从生产高档茶叶为主向生产高档、中档和普通档茶叶方向转变表示赞同，对他们拥有"青茶空间"这样一个固定场所开展茶文化活动表示肯定。

2017 年 12 月，区茶促会会刊改版后顺利面世，新刊名《奉茶》。设立的主要栏目有：茶讯、茶艺、茶人、品茶知识、茶健康、茶历史文化等。

2018 年 1 月 18 日，宁波茶促会副会长、奉化区茶促会会长韩仁建代表宁波茶文化促进会，分别授予尚田镇中心小学、宁波求真学校、奉化区技工旅游学校"宁波市少儿茶艺教育实验学校"铜牌。至此，奉化区包括溪口中心小学在内，已有 4 所学校获此殊荣。尚田中心小学于 2017 年 9 月成立茶艺兴趣小组，后更名为"尚雅茶艺社"。宁波求真学校于 2015 年创设茶艺社团。奉化区技工旅游学校茶艺社则成立于 2010 年，前身为奉化旅游学校茶艺社，多次在宁波市中职生技能大赛中获奖，是奉化市优秀学生社团，在奉化茶文化宣传中，多次开展茶礼服务。

2018 年 4 月 14 日上午，以"神龙奉茶"为主题的奉化茶文化节在尚田镇南山茶场举行。时任奉化区委常委、常务副区长魏建根致辞，宁波茶文化促进会会长郭正伟宣布开幕。当天活动中，游客在一品香茗的同时，还观赏到精彩纷呈的歌舞、茶艺、龙舞、太极表演。文化节还推出了茶园生态体验和"美食天街"两大活动。此次茶文化节由尚田镇政府、区农林局主办。

2018 年 5 月 3—6 日，为期四天的第九届中国宁波国际茶文化节在宁波国

🍃南山茶场八龙闹春

际会展中心举行。奉化区雪窦山茶叶专业合作社、安岩茶场、雨易茶场和香茗中心茶行等4家茶企参展，选送的8只茶叶样品揽获"中绿杯"中国名优绿茶评比四金四银。具体如下：雪窦山茶叶专业合作社的"雪窦山"奉化曲毫、雨易茶场的"雪窦山"奉化曲毫、安岩茶场的"滴水雀顶"绿茶和城南供销有限公司的"滴水雀顶"白茶获金奖。南山茶场的"雪窦山"奉化曲毫、雪窦山茶叶专业合作社的"雪窦山"弥勒白茶、宁波和美茶叶有限公司的"天一阁"白茶、滴水雀顶茶场的"滴水雀顶"白茶获银奖。

　　2018年5月18日，为期五天的第二届中国国际茶叶博览会在杭州国际博览中心举行。奉化区南山茶场、雨易茶场、安岩茶场、大堰柯青茶场参展。5月18日下午，农业农村部副部长屈冬玉来到宁波展厅奉化展馆，详细了解奉化曲毫和雨易红茶的生产情况，现场品尝了奉化曲毫和雨易红茶。5月19日下午，"雪窦山"牌奉化曲毫推介会在主会场3B展示馆举行。浙江省农业厅副厅长王建跃、省茶叶首席专家罗列万，奉化区委常委、常务副区长魏建根等到场为奉化曲毫宣传助力，推广奉化茶文化。雪窦山茶叶专业合作社的"雪窦山"牌奉化曲毫荣获此次博览会评选金奖。

2018 年 10 月 20 日，奉化区妇联、区总工会、农林局、民宗局、茶促会联合主办以"品奉化曲毫 赏凤麓茶韵"为主题的奉化区首届兰馨茶艺技能展演大赛。经过专业评审团最终评定，奉化区技工学校的"流年化蝶"荣获一等奖。同时，近 30 位少数民族妇女受邀来到区妇女儿童活动中心茶艺培训室参加茶艺技能培训。下午，选手们走向仁湖畔美丽的展演现场，向更多的茶艺爱好者呈现茶艺的魅力。

2018 年 12 月，奉化区茶促会办公地址由体育场路 17 号迁至南山路 288 号。

2019 年 4 月 13 日上午，第六届"奉茶杯"茶叶擂台赛在华信天港禧悦大酒店举行。28 家茶场选送的 50 只茶样，分奉化曲毫、白茶两大类进行了比拼。最终，松岙峰景湾茶场、西坞一茗茶场分获奉化曲毫组一、二名，尚田双狮雾云茶场和安岩茶场并列第三；尚田安岩茶场、西坞笔峰山茶场荣获弥勒白茶组前两名，大堰嵩翠白茶专业合作社和尚田山川茶场并列第三。

2019 年 4 月 14 日晚上，由奉化区农业农村局和区茶促会联合举办的"奉化曲毫推介会"在万达广场一楼举行。奉化区副区长张巍参加活动。推介活动还

奉茶推介会

邀请了两名厨师现场烹饪"曲毫鸡"、茶香豆腐、椒盐茶叶等创新菜肴。现场还推出20个名额，参加峰景湾茶场、雨易山房、山川茶场、安岩茶场的"寻茶记"活动，受到市民热捧。

2019年4月19日，首届"奉好茶敬贵人"大堰白茶文化推介会在宁波南塘举行。奉化区政协副主席俞伦、区茶促会会长韩仁建参加推介会。推介会上，手工制茶、茶艺表演、诗歌朗诵等极具大堰特色的节目引起市民极大兴趣。董家岙村多位茶农带去的新茶供市民现场品尝，还与宁波市奉化嵩翠白茶专业合作社、奉化名特优农产品展示展销中心、中山商场、宁波元一生态庄园、一路上旅游公司签订了经销协议。

2019年5月3—6日，第十届宁波茶业博览会在宁波国际会展中心举行。奉化区雪窦山茶叶专业合作社、南山茶场、雨易茶场、峰景湾茶场和大堰镇等抱团亮相，吸引了省内客商和宁波市民的眼球。区农业农村局在宁波国际会展中心1号馆设立奉化曲毫特展馆，展示奉化曲毫、弥勒白茶、红茶、黄金芽等6款茶叶产品，并由茶艺师现场为客商和市民奉上一杯好茶。5月5日，南山茶场茶旅推介会举行。5月6日，奉化曲毫推介会在宁波国际会展中心一号馆举行。区茶促会组织30位茶农赴茶博会"临市面"。

2019年10月16日上午，区茶促会一届二次理事会在雨易山房4号多功能厅举行，20多名理事参加会议。会长韩仁建作工作报告。报告总结了两年多来茶促会开展的各项活动和取得的各项成绩，可谓硕果累累，令人欣慰。

2019年10月26日下午，27名茶友自带心仪茶叶、茶具，身穿茶服，相聚在雨易山房4号多功能厅——区茶促会理事、茶艺组组长、高级茶艺师董芯莉组织并创新了"2019无我茶会"。此次无我茶会，增加了最佳茶汤和最佳茶席的评选。最后，最佳茶汤由来自奉

无我茶会掠影

化的茶友林彬彬获得，最佳茶席由来自宁波的冯春女士获得。

2019年11月3日，奉化区首届家庭茶艺大赛决赛在华侨豪生大酒店举行。12户家庭经过激烈角逐，决出了一二三等奖。毛金春、葛暄好家庭《万代传承》获金奖，田源家庭《慈孝和乐一杯茶》获银奖，王雨楦家庭《茶园》获铜奖。陈斌、陈家旭家庭《弥勒禅茶》、陈璐婷家庭《一品香茗礼尊者，闲对茶经忆古人》等7户家庭获优秀奖。此次活动由奉化区教育局、锦屏街道办事处、区茶促会、区融媒体中心主办，锦屏街道成人文化技术学校承办。

2020年5月21日，奉化区茶促会组织开展了庆祝首个"国际茶日"有关活动。首先在《奉化日报》头版刊发《让千年茶香盛世起航——写在首个"国际茶日"到来之际》的主题文章，主要内容包括确定"国际茶日"的意义和作用等。其次，分别在走马塘绿植空间、雨易山房、制茶世家、茶隐、云起筑、银泰商场茶楼等城区几家知名茶馆举办了5场茶叶评鉴会，统一制作易拉宝，在茶馆门前摆放。最后，开展"让茶客走进茶馆，提升茶饮文明"为主题的品茶活动，茶促会和6家茶馆分别出资，安排180间包厢（每家茶馆30间），在规定时间内免费饮茶。同时制作两期微信公众号特刊，宣传"国际茶日"。

2020年11月7日下午，"无我茶会·私享茶会"在尚田冷西小栈举行，区茶促会茶艺组长、高级茶艺师董苾莉主持活动，30多位茶艺爱好者参加。在现场，铺设茶席，摆放茶具，所有过程显得那么细致和服贴；泡茶、敬茶、品茶，所有过程显得那么优雅和愉悦；奉化曲毫、雨易红茶、老白茶、乌龙茶、生普，所有茶汤都香气四溢。整个活动分无我茶会和私享茶会两部分。期间，还进行了书法观赏和古琴演奏。

2021年4月9日，"花间一壶茶——奉化茶文化展"在奉化博物馆开展。本次展览分为"一歇茶饮"和"花茶月下"两部分，共展出文物44件，从历史渊源、制作工序、茶具演变和奉化特色茶叶等全面展现中华茶文化。此外，还展出中国六大茶类茶样30种、奉化代表性茶场四时美景摄影作品等，历时3个月。

2021年4月17日，第八届"奉茶杯"茶叶擂台赛打响。浙江省茶叶学会理事长、浙江大学教授梁月荣，国家级著名评茶专家、浙江大学教授龚淑英，省农业技术推广中心研究员陆德彪、市农业农村局茶叶首席专家王开荣等专家担任评

委。全区名优茶各生产茶场共送上茶叶样品 60 余只。经评选，名次如下：奉化曲毫类特别金奖：尚田双狮雾云茶场；金奖：南山茶场；银奖：西坞一茗茶场、安岩茶场。白茶类特别金奖：安岩茶场；金奖：溪口健汇茶场；银奖：西坞笔峰山茶场、裘村岭下茶场。红茶类特别金奖：雨易茶场；金奖：安岩茶场。

2021 年 4 月 24 日上午，"茶与健康"系列讲座在奉化博物馆一楼报告厅举行。讲授者为浙江大学茶叶研究所副教授、农业农村部茶叶产业技术体系遗传改良研究室主任、育种技术与方法岗位科学家郑新强博士，主题是"茶叶与健康研究"。奉化区科协副主席吴雷主持讲座。郑博士从饮茶对健康的功效、茶叶主要成分、茶与老年痴呆、茶与糖尿病四个方面展开讲授。茶农、茶艺爱好者、社区居民等 150 余人聆听讲座，并领取伴手礼。

2021 年 5 月 15 日上午，以"应梦雪窦 奉茶曲毫"为主题的 2021 年奉化"雪窦山茶文化生活节"在奉化城市文化中心举行。宁波茶促会会长郭正伟、奉化区农业农村局局长杜志维到场致辞。

此次茶文化生活节包括茶器茶具展、茶文化图片展、茶叶擂台赛、无我茶会、茶与健康系列讲座、茶叶"五新"技术培训会、奉化曲毫品尝会等。上午的活动仪式上，先后进行了《应梦曲毫》情景剧表演、浙江省茶叶学会奉化服务站授牌仪式、宁波市水文化研究会与奉化区茶文化促进会携手开展"品好水好茶"旅游线路建设签约仪式、第八届"奉茶杯"颁奖仪式、茶文化终身学习体验基地授牌、奉化茶文化旅游路线发布等。下午举行了市民喝茶体验等茶文化活动。南山茶场、安岩茶场、山川茶场、峰景湾茶场、一茗茶场、雨易茶场、柯青茶场、利源茶业、邬花楼茶业、龙茗凤茶场等 10 余家茶场设摊展示。出席本次活动领导和嘉宾有省茶叶学会领导、宁波茶促会领导、区领导、承办单位领导、镇街道分管农业副镇（主任）长等。

2021 年 5 月 21 日上午，奉化区雪窦山茶叶专业合作社、南山茶场、雨易茶场、安岩茶场等茶企亮相第四届中国国际茶叶博览会，与国内外的众多涉茶、爱茶人士共赴茶叶"盛宴"。本届茶博会为期 5 天，由农业农村部和浙江省人民政府共同主办。相比往届，本届茶博会规模更大、活动更多、形式更新。

茶文化生活节茶艺演示

广泛联系会员单位，为茶企提供服务，更是茶促会的主要职责。随着经济水平的提高，茶园旅游成为人们需求。为此茶促会选择两家茶园，分别是南山茶场奉茶山庄和雨易山房，帮助打造茶园景观提升工程。其中奉茶山庄修建森林步道，为游客提供山地健身场所；种植樱花、红枫、紫薇等彩色树种，提升景观效应；建设古色古香的茶亭驿站、茶文化体验中心，让游客分享茶生态、茶健康和茶氛围，使茶场的茶产业链与美丽乡村度假、民宿、农家乐等业态进一步融合。2015年南山茶场荣列"中国三十家最美茶园"之一。雨易茶场则通过建造仿古兼欧式茶庄、花园长廊、茶亭、茶室、多彩花木、竹屋、草坪等多种举措，打造出茶园优美环境，营造浓厚的茶文化氛围，逐渐引来游人青睐，2017年成为奉化全域旅游的重要起航地之一，成为宁波知名网红打卡地。

技术上先后为茶企引进茶树新品种7只，包括稀有品种黄金芽、御金香、中黄1号，金牡丹、嵊州白茶等，平均每年新发展无性系良种茶园面积在800亩以上，共发展无性系良种茶园14100亩，茶树良种化率增长至56.4%，被省农业厅评为浙江省发展无性系良种茶园先进县（市）。

品牌上积极协助农业服务总站。2020年12月8日，"奉化曲毫"获得农业农村部农产品地理标志产品称号。为使"奉化曲毫"品牌更上一层楼，茶促会协助雪窦山茶叶专业合作社购置奉化城区250平方米左右店面，建成茶品牌文化展示中心；同时完善地理标志农产品使用制度，设计出三四款新颖时尚且富有茶元素感的包装；拍摄奉化曲毫宣传片，开展品牌宣传推介活动。

此外，茶促会还在政治上推荐茶人成为区政协委员，为茶叶界向政府献计献策创造条件，并提高茶叶界政治地位。茶促会会长韩仁建还与雪窦寺方丈怡藏法师商讨联手建设茶禅文化。同时，在宁波茶促会副秘书长竺济法的指导和帮助下，深度挖掘雪窦寺近千年来的茶禅文化史，硕果累累，影响巨大。建议发展茶园，可在上雪窦寺的斜坡上种植茶叶，既可美化寺院又可建设茶文化。树碑刻字，将历代高僧的茶诗树碑刻字，让游客感受到浓浓的历史茶文化。建造茶亭，选择适当位置建造亭子、茶座、茶社等，接待来宾和香客。目前，上雪窦永平寺已清理荒坡20余亩，并种上了茶叶，长势良好。

第十一章

茶叶世家

　　浙江是中国十大产茶省份之一。全国 11 个"国字号"茶叶机构，有 9 个在浙江，拥有西湖龙井、安吉白茶等中国名茶和望海茶、瀑布仙茗、奉化曲毫等众多浙江名茶。因此茶叶在浙江是农业主导产业，无论技术还是其他方面的优势均可谓得天独厚。浙江省绍兴市平水镇素来以茶闻名。茶圣陆羽曾在《茶经》中称平水的"日铸茶"为"珍贵仙茗"。南宋时平水日铸岭一带被钦点为"御茶湾"。自清至民国的 200 多年里，平水一直是中国举足轻重的"绿茶中心"，而平水的王化更是茶业人才的摇篮，在茶界，有"浙江茶人出绍兴，绍兴茶人出王化"之说。

　　1929 年，绍兴平水宋家店一制茶世家新添男丁，取名宋荣林。小荣林长大后，成了一名响当当的制茶师，后来以奉化茶场（浙江省十大茶场之一）副场长的身份被誉为浙江茶界"四宋"之一，其余"三宋"分别是原绍兴茶厂厂长宋茂林、嵊县三界茶厂副厂长宋济泉、新昌茶厂厂长宋孟荣，而这"四宋"均为平水王化籍。

　　宋荣林（1929—1996），中国茶叶学会、浙江省茶叶学会和宁波市茶叶学会会员，农艺师。是中国"当代茶圣"吴觉农的爱徒，早期绍兴"日铸茶"的非遗传承人和"平水珠茶"第五代传人。宋夫人张银花也是制茶能手，总结的炒制平水珠茶"十大手法"曾在 20 世纪 50 年代风靡国营绍兴茶厂，是该茶厂的"七朵金花"之一。后随丈夫援建国营奉化茶场，为茶场培养了一大批制茶操作能手。

◔ 茶学家刘祖生手书：茶叶世家

夫妻二人育有三子一女，分别是宋光明、宋光华、宋光辉、宋光美。孩子们从小闻着茶香长大，长大后全部继承了父母亲的衣钵，将毕生精力奉献给了茶叶事业。也就是说，到他们这代，已是祖孙四代"茶人"了。

新中国成立前，宋荣林在嵊县三界（龙藏寺）私营茶厂当学徒谋生，饱受旧社会制茶之苦。1946年，吴觉农先生创办了浙江省茶叶改良茶技班，宋荣林有幸成为班上的学生，因表现出色留在茶叶改良场工作，并深受吴先生器重。新中

◔ 宋荣林生活照

国成立后的1950年，宋荣林转去省农业厅特产局茶叶科任职。当时，国家一穷二白，茶叶严重短缺。为发展茶叶生产，增加全省茶叶产量，省有关部门与产茶的县（市区）政府先后兴建起一批国有骨干茶（农）场，宋荣林身负重任，不辞劳苦，经常深入茶山、工场指导工作，将先进的栽培、制茶技术教授给相关单位和人员运作起来，收效良多，口碑甚好。两年后，受省农业厅特产局派遣，他奔赴余杭参与了茶叶试验场（后改称杭州茶叶试验场）的筹建，将从炮兵部队手中接管过来的一片山岗，打造成了一个全新的国营茶

场，成为全省乃至全国赫赫有名的新型现代化茶场，被誉为新茶园的榜样。他担任八岗大队长。1960 年建成炒青初制加工厂（第一茶厂）后，担任厂长，长期从事初制茶生产，掌握了各类茶叶的制作技艺，是茶场当之无愧的技术担当。

1965 年 3 月，浙江省农业厅派遣宋荣林带领杭州地区部分技工和知青援建国营奉化茶场，从此他们全家人的人生就与奉化茶场这片土地捆绑在了一起，再也没能分开——可能这就是不解之缘吧。来到奉化尚桥之后，宋荣林带领技工和职工在这片广阔的荒山上垦荒种茶，用自己过人的智慧和熟练的技术，因地制宜地对新茶园进行规划设计（如道路设置、土地开垦、茶行布局、播种等），毫无保留地把自己丰富的茶叶生产实践经验应用到大面积茶园的建设中去。他主持完成了几千余亩茶园的投产和年产万担以上初精制茶厂的规划和工艺布置，全面负责茶场茶叶生产加工技术管理工作。他支持配合中国农业科学院（杭州茶叶研究所）的国字号科研项目"平炒青（珠茶）机械化、自动化、连续化"茶厂的设计与设备安装，之后全程参与该项目的试制、加工和验收。多年来，他带领、培养了一大批茶叶生产技术人员，更直接参与了荣获西班牙（马德里）国际食品博览会金奖的"天坛牌"特级珠茶的生产加工，可谓劳苦功高。由于掌握了精确的平炒青（珠茶）评茶法，他成为当时宁波地区平炒青（珠茶）评茶的权威，并以公开、公平、公正称著于业界。在奉化茶场，宋荣林历任茶场大队长、生技科长、初精制茶厂厂长和党支部书记、党总支委员等职，直至 1990 年退休之后，他黄昏余热不减，老当益壮，南上北下，帮助精制茶加工企业解决卖茶难问题发挥了潜能。他将毕生奉献于茶叶，灵魂一定带着浓浓的茶香。

张银花（1934—2020），宋荣林夫人。生于浙江绍兴日铸茶故里，是平水珠第五代传人之一，擅长手工珠茶、炒青、绿茶、红茶的制作。

张银花自幼在多家私营茶厂当童工学制茶，1950 年进绍兴国营茶厂工作。新中国成立之初，绍兴国营茶厂是浙江省最大的精制茶厂，专门加工出口绿茶、红茶，外销的平水珠茶和红碎茶年出口超万担以上。茶厂职工人数上千，制茶高手层出不穷，而张银花是其中的佼佼者，绍兴茶厂有 7 位制茶女能手，号称"七朵金花"，她是其中之一。1960 年，因丈夫宋荣林被派去杭州茶叶试验场工作，夫妻两地分居。为更好地支持丈夫的工作和培养教育子女，她从绍兴茶厂调往杭州茶叶试验场工作。1965 年 3 月随夫一起援建奉化茶场，此后，全家定居奉化。

张银花长期在生产一线从事茶叶加工，从日铸茶"扬法、掐法、挪法、撒法、扇法、炒法、焙法、藏法"的加工经验中，总结提升成炒制平炒青（珠茶）十大手法，对手工制茶有较深造诣。多年来，她精于红茶、绿茶的初制和精制加工，为奉化茶场"帮、教、带"制茶能手 20 余人。她从事制茶工作时间长达半个世纪，经历了从手工制茶到半机械化乃至单机机械化制茶的全过程，工作认真负责，技术过硬，深得上级领导和所有同事的赞许。她和夫君宋荣林这对贤伉俪淡泊名利，为事业放弃繁华省城，毅然奔赴小城奉化，终其一生传授茶技，在奉化的茶叶史上写下了浓墨重彩的一笔！

宋光明，宋荣林长子。1956 年出生在绍兴，高级评茶师、经济师。

1974 年，宋光明高中毕业，放下书包便进了父母亲所在的奉化茶场供职，因工作优秀，表现出色，历任茶场团总支书记、共青团奉化县委委员等职。1982 年，被共青团奉化县委抽调过去，负责筹建奉化县青少年宫，建成后任主任。1988 年，调任奉化县人民政府驻上海办事处负责人；1993 年，调任奉化县人民政府经济协作办公室，负责公司经营业务。

因始终心系茶叶，1995 年，宋光明下海创办奉化县香茗中心茶行，为奉化首家茶行；翌年，他在奉化尚田镇大雷山上承包张家坑村茶园 120 亩，主要生产加工平炒青（珠茶）和部分烘青茶。同时着手始创"弥勒玉叶"自主品牌并成功，香茗茶行成为奉化县首家自创品牌的茶企。其实早在 1989 年，宋光明便已有先见之明，率先提出申请"有机茶"认证，得到县环保局的大力支持，取得证书，这在奉化同行中又是创举，属捷足先登。此后，他经营的茶叶产品一直坚持有机无公害，至今已有 30 多年历史。在注册"弥勒玉叶"品牌之后，这款茶多次荣获国际名茶评比金奖和国内最具权威性的"中茶杯""中绿杯""国饮杯"金银奖。香茗茶行名声在外，业务不断扩大。

随着生产经营持续向好，2005 年，宋光明在香茗茶行的基础上重新注册成立了奉化市香茗农产品购销中心，坚持"以茶为主、多种经营"理念，追求实现自我价值目标，这一干，又是数十年，因为受父辈的影响，茶已经成为他生命轨迹中一条潜伏的动力线，他说："我见证了父母辈一生为茶的付出，亲历了茶人世家每一次命运的转折，父母虽离去了，茶却留下一直陪伴着我们兄弟几位成长。"

现在宋光明虽已退休，但他退而不休，还是和往常一样，忙忙碌碌，不遗余力推介着奉化的名优茶和优质农产品。他总是谦虚地说：我帮人、人帮我，是茶缘使然，和睦共处，大家高兴。他从小在茶香氤氲的氛围中成长，耳濡目染，从骨子里就爱茶，一心向往和茶相关的事业。如今能延续父辈乃至祖辈的茶缘，他作为茶人的后代，也作为曾经的茶人一员，完全有责任、有义务把老祖宗留下来的宝贵技能和智慧继承下来，并使之薪火相传，发扬光大！

宋光华，宋荣林次子。1958 年生于绍兴。国家一级评茶师，宁波市首位"国茶工匠·制茶大师"（中茶协第五批）。现任宁波市茶叶流通协会副会长兼秘书长。他虽然不是茶叶科班出身，但是在他身上遗传了茶的基因，特别是在其先辈潜移默化、耳濡目染的熏陶下，长期扎根茶业一线，为茶事业耕耘不息，对茶叶栽培、初制、精制、出口等全产业、各工种了如指掌，参与、见证了宁波茶叶发展的如歌岁月。

宋光华的少年时代是在杭州茶叶试验场度过的。由于经常跟着父母流连于碧绿的茶垄，孩提时代，小光华耳濡目染很快就学会了采茶。他小小年纪就知道采茶不能用指甲掐，掐过的茶叶梗会变色，到后面就直接影响茶叶品质了。他用双手采茶，动作飞快，如小鸡啄米一般，一天能采 10 ~ 20 公斤鲜叶，堪比一名采茶熟练工。

由于父母受省农业厅派遣赴奉化援建茶场，8 岁的宋光华也随行来到奉化。1974 年，17 岁的宋光华开始了为之倾注一生心血的茶事业。第一年，他被分到茶叶三队，带班采摘鲜叶，同时分担管理茶园各项事务，经常携带沉重的锄头、铁耙，开挖深沟、锄地、除草、修剪茶树，为茶树施肥、防治病虫害等。他把"以身许茶，精益求精"作为目标，一头扎入自己喜欢的工作氛围之中，刻苦钻研茶叶栽培知识，踏踏实实学习制茶技艺，更虚心向茶场的老师傅们求教，勤奋的汗水回馈给他的厚礼是：他的综合能力迅速飞升，很快在茶场出类拔萃。

20世纪70年代，宁波的传统茶叶制作由人工逐步向机械化、自动化等转型。1975—1977年，农业部中国茶叶研究所的重点科技星火项目"平炒青（珠茶）初制加工连续化、自动化流水线"落户奉化茶场，宋光华全程参与了此项目，天天蹲在车间一线，从设备的安装调试到后期茶叶的生产加工，在技术专家的指导下，加上自身的勤勉好学，逐渐掌握了茶叶鲜叶从自动化贮青、杀青、揉捻、二青，到"小锅、对锅、大锅"分别炒干的机械化连续加工技术，练就了一身过硬的功夫。1977年，经单位推荐，他去浙江省三界茶厂学习外销精制茶加工和成品茶拼配技术。这次深度学习培训，使他一跃成为奉化茶场初精制茶叶加工领域的主要技术骨干，回场后即走马上任初精制茶厂副厂长，很快又晋升为厂长，继而担任茶场副场长，主要负责茶叶生产加工技术业务。

1987年，为适应宁波外向型经济的需要，宁波市从11个县（市）区中选拔从事出口茶叶的技术人才，宋光华从众多候选人中脱颖而出，担起宁波出口茶叶拼配厂厂长之重任。他任职期间，组织协调全市15家出口精制茶厂完成外销生产任务，累计拼配出口珠茶5500吨，年出口创汇1200万～1500万美元。

21世纪随着茶企转型，宋光华也完成了从技术型向技术经营型的华丽变身，先后参与组建了宁波市二号桥、金钟、鼓楼、中信、天茂等五家茶叶专业流通市场，并致力于宁波名优特茶叶的推选，有30余家茶企经他指导，先后获得国内外名优茶评比金、银奖50余项。他本人被市内外多家茶企聘为技术顾问，身影活跃在慈溪茶厂、北仑茶厂（红改绿）、三门县珠岙茶厂、仙居县苗辽林场精制茶厂、嵊州三江茶厂、湖州市温泉高尔夫俱乐部有限公司茶厂、仙居县尚湖林业开发有限公司茶厂和宁波俞氏五峰农业发展有限公司等地，虽忙碌不堪但他乐在其中。而茶企若是遇到技术方面的难题、痛点，只要请教宋光华，他总会毫无保留地予以指导，热心帮助。能为自己钟情的茶事业奉献爱心，回馈社会，服务同行，是他最乐意做的事情。

2019年起，宋光华的身影开始时不时地出现在遥远的贵州省黔西南自治州晴隆、贞丰两县的茶山上。原来他是以宁波市茶叶专家身份，帮扶黔西南州的茶叶生产加工，助推"黔货出山"，为宁波市对口扶贫工作做出贡献。云贵高原紫外线强、湿度大，茶叶呈深绿色，原料质地不错，但因当地工艺简单，细节处

理不到位，导致茶的品质不够理想。于是在制茶过程中，宋光华现身说法，对杀青、理条、回潮、整形等环节给予技术帮扶，使贵州晴隆茶厂的茶品有了明显的提升——茶叶色泽鲜活，条索紧结，香气持久，价格也随品质提升而上涨。此外，他还发挥宁波、浙江的行业协会资源优势，帮助贞丰县茶企带货进行消费帮扶，让黔茶香飘远方。

相比茶叶专家，宋光华更喜欢"茶人"这个称呼。他心目中的"茶人"，是一生以茶为业，促进茶事业发展，爱茶、懂茶并为之默默奉献的有识之士。只是当今社会对于"茶人"的理解过于轻率，但凡种茶、制茶、卖茶、爱茶人士皆可充"茶人"；同理，如今茶市也充斥着大量的"洋泾浜"，对之他很反感。"洋泾浜"即"半桶水"，有"土洋混杂"之意。现在喜欢喝茶的人很多，但懂茶的不多，被误导的消费者也不少。宋光华因此在甬城开设了茶文化讲堂，以茶为载体，宣扬普及茶文化的核心茶道，同时想方设法去纠正那些似是而非甚至恶意炒作的喝茶理论，引导茶人自我完善，提高自我认识，不少爱茶人士获益匪浅。

"爱一业，终一生"，当年那个茶山里长大的孩子，如今已两鬓斑白。宋光华总结自己长达40多年的茶人生活，最钟爱的还是茶叶技术工作。每当他来到茶山，进入加工车间时，"整颗心就会静下来，掌控制茶的每一道工序，沉浸于每一个环节，心无旁骛。毕竟只有功夫和火候到位了，才能制作出好茶"。他判定，经过30多年的发展，宁波本地茶的品质已经处于国内领先水平。宁海望海茶、余姚瀑布仙茗、奉化曲毫等是中茶杯、中绿杯等全国性赛事金奖台上的常客，再加上宁波的饮茶氛围日益浓厚，消费水平也不错，正迎来天时、地利、人和的大好时机。他余生最大的心愿是，继续传承祖先技艺，为茶企茶人服务。他真心希望能有更多年轻人投入到振兴"茶产业、茶科技、茶文化"的事业中来，进一步打响甬茶、浙茶品牌，将茶事业发扬光大。

宋光辉，宋荣林小儿子。1960年生于杭州。从年轻时制茶到今天销售名优茶，他以茶交友、以茶结缘，从未离开过茶叶这一行。

宋光辉从小受父母亲和两个哥哥影响，对茶叶也是情有独钟。1978年高中一毕业，便成为奉化茶场的一员，入行茶界。俗话说："十年磨一剑，上阵父子兵。"那些年，他一直跟着父亲学本领，从最基本的茶叶知识和茶叶整理、验收基本功学起，把握撩筛、抖筛、风选和样匾、样盘的操控，直至熟练掌握初精制茶叶的验收、审评、拼配等专业知识，并把所学很好地运用到实践中。得益于长期扎根茶园和基层，他不仅茶叶加工技艺突飞猛进，还在其他方面积累了丰富的经验，成为多面手和行业翘楚。

每次下基层茶站收购原料茶时，他总是耐心和供销社评茶员进行面对面交流，再谈验收。因为毛茶品质的优劣会直接影响精制加工制茶率和企业的经济效益，所以必须认真对样评茶，按质论价。每次他都会针对茶叶加工过程中出现的问题，实事求是地指出毛茶存在的缺点，逐一解释并指导改进，直到供求双方均满意为止。

🍃 宋氏三兄弟在茶园

在茶叶加工过程中，他更是注重茶叶品质的不断提高，每次都亲力亲为，下车间全程跟踪指导，督促茶叶品质规格标准化。他提倡，宁可在加工中多筛一道、多扇一道、多炒一道、多费一些时间，也要做到"精工细制"，产品品质因而得到有力保证。

🍃 宋氏三兄弟一起品茶

他还很好地把握住了原料茶拼配和半成品茶拼配这两大块工作。毛茶原料因季节的不同和初制加工技术的差异，其在品质上难免存在差距。但宋光辉通过调整原料茶之间的拼配，使之更合理，并达到取长补短的效果；对于品质不同的精制半成品茶，他则通过对外形、内质八项因子进行合理的调剂，使产品外形符合外销茶的要求，同时使香气、滋味达到同级产品最佳水平，这样拼配下来的结果是，创造了最大的经济价值。就这样，他在初精制加工和毛茶（珠茶）整理、验收以及精制茶拼配的工作岗位上，兢兢业业地干了将近30年，茶技造诣高，坊间口碑好。那些年，茶厂经他之手出产、调拨的外销茶合格率达100%。质量过硬，茶场的效益和信誉就上去了。奉化茶场当年的辉煌，他功不可没。

奉化茶场后来逐渐式微，宋光辉果断离开奉化，来到宁波，继续从事茶叶这项芬芳的事业，熟门熟路干起了外销茶。宁波首家茶叶市场开业之后，他又成为第一批进驻的商户，随后跳出外销茶的圈子，踏入了名优茶销售圈。如今他虽已接近退休年龄，但仍活跃在茶叶流通第一线，继续为茶奔忙、为茶宣传、为茶立命，不亦乐乎！

宋家人的故事讲完了。喝过茶的人都知道，一杯浓郁芳香的茶总有变淡的时候，但神奇的是，宋家人对茶的深情却历经四代，从未改变。这可能是因为他们对茶叶的爱在骨子里，他们全家人的血液里流淌的全是茶……

第十二章

茶魂方香

他曾经写过一首诗，题目叫《这是一片神奇的叶子》：

　这是一片古老的叶子，它有着悠久的历史；

　这是一片广袤的叶子，它有着广阔的天地；

　这是一片绿色的叶子，有着非凡的生态优势；

　这是一片奇特的叶子，有着独特的个性特点；

　这是一片丰富的叶子，品类繁多，形态无穷；

　这是一片健康的叶子，富含营养，生机勃勃；

　这是一片优雅的叶子，升华精神，文明举止；

　这是一片哲理的叶子，沉浮间饱含人生哲理；

　这是一片致富的叶子，农民们称其是金叶子；

　这是一片爱的叶子，别看它浮生于杯盏，

　它能氤氲时光，浸润岁月，芬芳全世界

　……

这更是一封情书，一位对茶叶情有独钟的人写给茶叶的情书。后来，这首诗更被他化成了一本书《奉茶》，看过这本书的人都知道，他对茶叶的了解有多少，他付诸笔端的深情和表白就有多少。在这本书中，他写奉化茶叶的栽种史，写奉化的茶叶之佛缘，也写奉化茶叶的发展之路，写奉化的茶农以及为奉化茶产业做出贡献的人；他如数家珍般撰写着那些与茶叶相关的点点滴滴，仿佛从头至尾在为读者奉上一杯杯滋养身心的茶……他的灵魂似乎也带着淡雅的沁人茶香。

他叫方乾勇，长期从事茶叶技术推广和产业化工作，是宁波知名茶叶专家、农业技术推广研究员。曾先后获得"宁波市优秀专业技术人员""十五期间农业科技先进工作者""奉化骄傲——我身边的文明之星"等荣誉称号 10 多项；2016年荣获浙江省五一劳动奖章。2018 年，方乾勇从奉化区林特总站农业技术推广研究员岗位退休，如今身兼宁波茶文化促进会常务理事、奉化区茶文化促进会副会长兼秘书长等职。他是奉化区茶业当之无愧的带头人和产业发展的幕后推手。

方乾勇长期活跃在奉化各大茶园垄亩间，是茶农们的贴心人。拥有国家证明商标的中国地理标志产品、浙江名牌"奉化曲毫"绿茶，就是他用心血和汗水与时任奉化林场副场长毛家明一起打造出来的。"奉化曲毫"1996 年首创于奉化林场，翌年便首获浙江省一类名茶，之后因连续三届获此殊荣，于 2001 年荣获浙江省名茶证书。2007 年荣获首届世界绿茶大会最高金奖。2009 年在第八届"中茶杯"全国名优茶评比中，"雪窦山"牌奉化曲毫获特等奖。2011 年 5 月，日本中国茶研究会会长工藤佳治一行到中国考察，第一站就选在西坞茗山前的奉化曲毫基地。工藤佳治对方乾勇说："在去年宁波国际茶文化节上，奉化曲毫给我的印象最深。"奉化曲毫在国际茶界的盛名可见一斑。这款名优茶研制成功且品牌久盛，凝结着方乾勇的创新精神和对事业的执着追求。

"奉化曲毫"的名字是方乾勇取的，但他总说此名犹如天赐。当年，他按照最初的设想，结合奉化茶农喜欢加工卷曲型茶叶的偏好，经过几十次试制、改进，终于创制出了一种无论外形、色泽、口感还是留香都合心合意的茶叶，想为之取个好听一点的名字却绞尽脑汁而不得。于是他一边广开言路，一边阅览群书，某日他在宋代奉化名寺雪窦寺住持广闻禅师所作的《御书应梦名山记》中，瞥到一句"荼荠不同亩，曲毫幽而独芳"的记载，如遭电击；他立马跟茶业界同仁一商讨，大家都觉得此名无比贴切。就这样，这种看起来肥壮蟠曲如婴儿般可爱，颜色绿润又带着雪白毫毛，冲泡后清香持久的佳茗拥有了一个古雅而大气的名字——"曲毫"。"奉化曲毫"从诞生至今已揽获国内外金奖 60 多个，是奉化农林部门的一张王牌，也是奉化对外交流时常用的一张绿色金名片。

1999 年，方乾勇牵头组织几位奉化茶农，成立了一个名茶产销联合体，申办了"雪窦山"商标。2002 年 3 月，雪窦山茶叶合作社正式挂牌成立。这是浙江省第二家、宁波市首家茶叶专业合作社。在方乾勇的带领下，合作社摸索出了以

发展良种茶园为基础、品牌质量为核心、科技创新为突破口、培训示范为手段的产前、产中、产后系列服务的名优茶产业化路子，开创了"统一品牌、统一标准、统一包装、统一价格、统一监管、自主经营、自负盈亏""五统二自"统分结合的双层管理模式，带动了一个不断朝着市场化、组织化、品牌化方向迈进的名优茶产业。如今，合作社已从当初 5 家茶场 200 多亩茶园，发展壮大到 128 个社员，1.2 万亩无性系良种茶园，成为浙江省示范性合作社，茶叶产值占到全区总量的七成以上，茶农们的收入更是大幅增加，赚得盆满钵满，因此方乾勇被他们誉为"活财神"。

但方乾勇谈到奉茶的发展时，总会提起一位老茶人——他的老师沈祖贻。沈老 1964 年从浙江农业大学茶学系毕业后，分配到海南岛从事茶事业。1978 年，他怀着对家乡的热爱，调回奉化林业局，开始埋首茶园，再也不曾离开。1981 年，他荣获浙江省农业厅"茶叶矮化密植花园栽培技术推广"二等奖；1983—1984 年获"奉化县茶桑果草甘磷推广"三等奖；1992 年 10 月，参加"中国茶人联谊会"。多年来荣获浙江省、宁波市级奖项多次，茶叶论文获奖多次；撰写的《增加奉茶提高单产技术措施研究课题总结》在全宁波市推广，并积极参加"奉化曲毫"的试制工作。方乾勇说，与沈老的付出相比，他所获得的荣誉并不多，但那些他用脚步丈量过的茶园知道，他用手抚摸过的茶树和茶苗知道，受过他指导和影响的后辈及茶农也知道，他的精神已深深渗入奉茶。

方乾勇与茶打了一辈子交道，且醉心其中。那么他又是如何走上这条充满着茶香的道路的呢？他说，是命运的安排使他成了一名茶叶科技工作者。

　　1977年"文革"结束恢复高考的消息传进他的耳朵时，高中毕业生方乾勇已当了3年的农民，深切体会到了务农的艰辛。当时他干一天活只能挣到4个半工分，折合人民币0.26元，他"当农民当怕了"，一心只想着跳出农门。恢复高考让他终于有了改变命运的机会。方乾勇喜欢理科，更相信"学好数理化，走遍天下都不怕"这句箴言，因此他当时填的志愿都是数学、电气化这些"高大上"的专业，并没有报考农大，更不用说茶学系了。结果却鬼使神差地被分配到了浙江农业大学茶学系——虽然没有达到理想的目标，但是能够不用再当农民，对他来说已经实现了家人和自己的最大愿望，所以他还是很开心，而且，他与茶叶的缘分已初露端倪，只是当时的他并没有意识到这一点。

　　1982年方乾勇大学毕业，被分配到宁波市象山县大徐区林特站工作。他清楚记得，第一年他的月工资是45元，第二年转正后则有54元，而那时候农民在生产队劳动，只能勉强糊口，于是他这个新大学生成了人人都会高看一眼的"高富帅"。所以，刚跳出"农门"又回到农村的他没有感到失落，倒是多了一份自豪。当时，象山县有2.5万亩茶叶，做的都是珠茶。方乾勇对茶农满腔热忱，整天骑着自行车翻山越岭几十公里，一个村子一个村子跑，调查和指导茶农们的茶叶生产，辅导他们做好施肥、除草、修剪、病虫害防治等；制茶时，他和农民一起打地铺，不分白天黑夜学习、践行他们良好的制茶技术，同时对茶农的经验进行提炼和总结。期间他更深地感受到了农民的艰辛和不易，于是更竭尽所能，去帮助农民提高生产，改善茶叶质量，能做一点是一点，"哪怕是把珠茶做得圆一点，价格都能卖得更高一点"，把自己掌握的所有知识与技巧毫无保留地教给他们，他们的收入就能多一点。就这样，他克服了初来乍到的难处和不便，在象山从人生地疏走到如鱼得水，与当地茶农们的情谊也越发亲近自然。因工作出色、口碑好，又恰逢那时中央大力倡导干部"四化"（革命化、年轻化、知识化、专业化），象山县里的领导很快发现了这位年轻而优秀的茶叶专家，1986年8月，方乾勇从县林特总站副站长被提拔为象山县墙头乡乡长，半年以后乡改镇，他成了这个镇的第一任镇长。

　　按照方乾勇这种万事全心全意全力以赴的性格，作为一镇之长的他领导各项工作毫无悬念都走在了全县前列。但他内心并不喜欢机关工作，总有一个声音在喊他，让他回去它的身边——是那片馨香的叶子，让他一直魂牵梦绕，无论如何也放不下。于是，当乡（镇）长三年届满，他就坚决要求回到县林特总站，继续从事他心爱的茶叶农技推广工作。他的执着要求得到了县领导的理解和支持。就这样，他又回到了县林特总站，继续当他的副站长——当时很多不

🌱方乾勇眼里心里全是茶

明就里的人还以为他犯了什么错误被贬官了呢。但他也没解释啥，因为他深知时间会给出答案，当然主要还是因为他无暇解释——一旦钻入茶园，他就把什么都抛诸脑后，眼里、心里全是茶了。

回顾这段当官的经历，方乾勇觉得自己特别幸运，正因为有了这3年的乡（镇）长经历，才锻炼和提高了他的组织能力和语言表达能力，为以后更好地开展茶叶科技推广工作打下了基础。

1993年，方乾勇受浙江省农业厅指派，来到日本的主要产茶区静冈县茶叶试验场，开始了长达8个月之久的研修学习。日本是方乾勇从事茶产业以来的一个梦想之地，日本的绿茶生产，无论在技术上还是管理上，在当时都可谓占据了亚洲乃至世界的制高点。他一直在思考，为什么日本在战后那么短的时间内就赶超他国、领先世界，我们应该怎样借鉴他们的经验？

在日本静冈县茶园，他和静冈县茶业试验场的职工一起劳作，俨然他们中的一员。休息日他上市场买菜，用简单的日语跟人交流。学习期间他印象最深的是日本农协的服务体系和管理体制高效。在日本，农民种茶、制茶只要按照既定标准，规范操作即可，不用担心销售，因为销售是由农协包办的。当时，国内的农副产品的产销都是农民自己的事情……多年后，他成立合作社，通过与茶农建立紧密的利益联结，来推广新技术，发展新项目，并解决茶叶的销售问题。

方乾勇还敏锐地发现，因早芽品种易受晚霜冻害，日本的茶叶生产已逐步淘汰早芽，转而发展中芽、迟芽品种。早芽固然娇嫩质优，也可加装风扇来调温保全，但是成本终究太高。且随着加工技术的提高，把干茶的含水量真正降到3%以下，即使不冷藏，密封一年，茶叶也不会变质；而如果采用适度的冷藏或冷冻方法储存，存放3～5年的茶叶拿出来，跟新茶没有多大区别。因此，他们也就没有求新求早的必要了。有鉴于此日本经验，后来方乾勇在改良奉化茶园的过程中，让各个茶场都只保留了10%左右的早芽品种，来满足市场尝新和媒体宣传的需求；之后则安排错峰采茶、制茶，为后续大量生产分减负担；其余都栽种中芽、迟芽品种。

从日本学成归来，方乾勇的感触很深，关键是学习其精细化，把细节做到极致，才能生产出真正"物美价廉"的东西占领市场。实践是检验真理的唯一标准，成功没有捷径可走，唯有学以致用，提升能力，一步一个脚印，才能将思考和蓝图切实转化为实际成果。

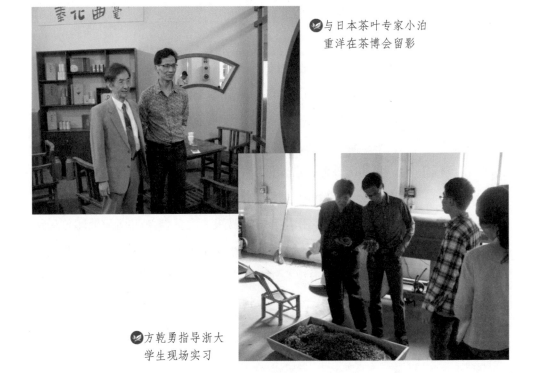

与日本茶叶专家小泊重洋在茶博会留影

方乾勇指导浙大学生现场实习

他是这样想的，也是这样做的。1995年，方乾勇从象山调回奉化工作。当时，奉化是有着3万多亩茶园的产茶大县，国营奉化茶场在浙江省内赫赫有名。可是方乾勇一圈考察下来，发现整个奉化无性系良种茶园面积不足200亩，也没有拿得出手的优质名茶，几乎所有的茶场都只加工两三元一斤效益低下的珠茶；如果要应景制作少量高级一点的龙井茶，需要从邻县新昌请师傅来炒制。

怀抱振兴家乡茶叶愿望的方乾勇，立即组织起了名茶加工培训班，将自己多年研习下来掌握的茶艺无偿传授。然而，培训班连续三期办下来，收效甚微，因为来参加培训的茶场老板们主要精力依然放在珠茶加工上，回去后还是继续请新昌师傅来炒制龙井。培训班办不下去，方乾勇的满腔热情并没有因此被浇灭，自己重新拉起一支队伍，来创制奉化自己的品牌名茶——它就是后来的"奉化曲毫"。

"曲毫"，顾名思义，曲是指蟠曲的形态，毫则指茶叶上有雪白的毫毛。也就是说，制作高品质的"奉化曲毫"得用白毫明显的特殊茶叶品种才行，但奉化的茶园基本上都是由茶籽繁殖的鸠坑群体种茶树，不适合制作曲毫茶。想让名茶生存下来并发展壮大，必须先推动茶农大量引进福鼎白毫、歌乐、翠峰等显毫品种，发展无性系良种茶园。决心下定，方乾勇开始物色合适的茶园和茶场主，但他费尽唇舌，依然阻力重重。"我们的农民最讲实惠，你说得再好，除非亲眼所见，他是不会跟着你干的。"

方乾勇在大堰白茶村现场培训

🍃方乾勇在茶园里就像个孩子

事情出现转机是在 1998 年。西坞镇一个农民出身的老板，做塑料加工亏了本，经过市场调查，结合本地实际优势，最后综合考虑下来，觉得改行搞茶产业是一条不错的路子。但他本人却又对茶叶一窍不通，便辗转打听到了传说中奉化顶尖茶叶专家方乾勇，想请他前去指导。那天，方乾勇生病在家休息，但是听闻此好消息，他竟兴奋得不顾高烧，拖着病体骑自行车跑了近 10 公里的路，来到那人承包的荒山进行现场指导。之后，他每周亲临基地两趟，从零开始打造无性系良种茶园，至 2002 年，茶园面积已达 180 亩。他还手把手地传授"奉化曲毫"加工技艺。第一批"曲毫"茶制出来拿到市场，售价高达 300 元一斤，还供不应求。当时其他茶场一斤珠茶能卖个 4 元已属高价，而采茶工的工资才 15 元 / 天，相比之下，无性系良种茶园每亩收入至少 6000 元——示范一出，人人眼红，其他茶场主都争着想做"奉化曲毫"，方乾勇再来推进茶园无性系改良便势如破竹，一呼百应。

10 多年来，奉化的无性系茶园以每年增加 800 ~ 1000 亩的速度在扩展，到如今，每个产茶的乡镇至少拥有一个良种示范点。而这些拥有良种示范点的茶农，无一例外都是方乾勇领办的雪窦山茶叶专业合作社社员，他们的年净收入基本都在 30 万元以上，多的有 100 多万元，成为懂技术、懂市场、有尊严的现代专业茶农。加入雪窦山茶叶专业合作社，变身高端、大气、上档次、有尊严的农民，便成了茶农们的热望。但合作社有硬性规定，要想入社，必须符合三个条件：自主开发或承包茶园 50 亩以上，承包期限 20 年以上，茶厂要有 QS 认证标准。有人问，加入这个茶叶合作社咋还这么难哩？对此，方乾勇的解释是：只有茶园面积达到 50 亩，才能保证年利润不低于 30 万元，收入高才能吸引人；而承包期 20 年起，是假设一个人 30 岁开始种茶，他起码要干到 50 岁，只有这样，他才会把茶当成一项终身事业去做。而高标准是一切事业成功的基础，雪窦山合作社也同样，坚持以品牌质量为核心，才有效地推动了奉化茶产业朝着更光明的方向持续迈进。2012年4月，方乾勇跻身浙江省"党组织闪光言行之星"榜，他的事迹特别显眼：研制的奉化曲毫获奖无数，是宁波市最有特色的名茶之一，为浙江省名牌产品；他先后引进"浙农113""银片""歌乐"等适宜炒制奉化曲毫的优良品种12种，创建了宁波市万亩特色产业基地；创建的奉化雪窦山茶叶专业合作社为浙江省级示范性合作社；培训培养了数十名现代专业茶农。

但如果你认为"茶代表"方乾勇只是奉化茶产业的舵手，那你就错了；他还有另一面——"茶保姆"。茶农说到底是靠市场吃饭，靠天吃饭，不稳定的气候或温度波动太大（主要是冬春两季）都会给茶园带来不可估量的损失。比如冬季气温太低茶叶容易冻伤，开春升温幅度太大则会影响茶叶品质且因抽芽迅速来不及采摘……因此方乾勇比关心自己的孩子还要关注整个奉化的天气变化。2016年1月下旬，一股强寒潮席卷整个浙江，多地遭遇低温冰冻天气。奉化市区测得最低气温 -8.3℃，局部山区甚至达到了 -13.4℃，创下30年来最低气温纪录。罕见的冰冻天气给全奉化无性系良种茶园造成了不同程度的灾害损失。受灾较轻的茶园出现顶芽冻焦、顶部枝梢成叶边缘冻成紫褐色，受灾严重的茶园秋梢芽叶全部枯萎脱落，甚至出现整株叶片脱落殆尽的情况，现场呈一片火烧状。方乾勇心急如焚，冒着严寒辗转各大茶场调查指导救灾，还根据茶树冻害程度，将现场受灾情况记录下来，灾情缓解后与徒弟王礼中一起将这些资料进行了系统性整理，

方乾勇在南山茶场指导种茶

最后撰写出《奉化市茶园冻害灾情分析及防治措施》一文，发表在《中国茶叶》2016 年第 4 期上，被茶叶相关领域专家多次引用借鉴。从事茶产业 40 来年，他撰写了不下 20 篇茶科技文章，发表在《茶叶》《茶博览》《茶叶世界》《茶科学》《茶叶文摘》及日本的《茶》等知名茶刊上，为促进茶产业、茶文化发展做出了自己的贡献。

掰指算来，从茶园选址、新品种引进、茶树培育管理、茶叶采摘、茶厂设计布局、茶机引进、茶叶加工、茶叶审评到茶叶培训，茶与健康等茶文化讲座、茶历史茶文化的挖掘，方乾勇几乎无所不知、无所不涉——为广大茶农和茶消费者做好全方位服务，他是认真的。2016 年是方乾勇的丰收之年，他的长期辛勤付出不但得到了广大茶农的认可，也得到了各级组织和领导的肯定，先后荣获奉化市委市政府颁发的突出贡献奖，并立三等功；浙江省五一劳动奖章；宁波市优秀共产党员。

2018 年，在投身茶叶事业 40 年之际，方乾勇迎来了光荣退休的日子。但他退而不休，被奉化区农业农村局返聘，继续从事茶产业、茶文化、茶科技方面的

奉化田间小板凳学校红茶加工技术培训

工作，继续他自己喜爱的工作。

方乾勇现在还担任着奉化区茶文化促进会的副会长兼秘书长，协助会长积极开展茶文化历史的挖掘与传承，茶产业与茶文化的宣传推广，茶文化"四进"活动，茶产业与茶文化的调查研究等方面的工作，并做好各级领导的参谋。不过他的主要时间和精力依然放在茶产业上。他是奉化区雪窦山茶叶专业合作社的无报酬"职业经理人"，不但要打理合作社的日常事务，还要帮助各位社员释疑解惑，解决问题。此外，他还抽出时间从事茶科研，主要针对生产实际中存在的问题和市场需要开展。比如目前，他正在研究和开发"奉白白茶"系列产品和"雪窦红"红茶系列产品。比在职时更忙碌的他算是真切体会到了赫胥黎说的那句名言："时间最不偏私，给任何人都是24小时；时间也最偏私，给任何人都不是24小时。"

40多年的不断学习和实践，让方乾勇越发认同了"盛世兴茶"的说法。眼下中国茶正步入黄金时代，中国茶叶种植面积、茶产量、茶消费总量和茶出口金额均居世界第一；但他也敏锐地发现，在这片美好景象的背面，还存在许多缺点

🍃随奉化代表团赴粮农组织总
　部展示茶瓷文化

🍃方乾勇在茶博会上
　侃侃而谈

和瓶颈，制约着中国茶的健康发展。出于发自内心的警觉及对茶的爱与责任，他觉得有必要将其总结出来，为了茶的明天更好——

1. 大力弘扬茶文化，发展茶科技，振兴茶产业，宣传推广"绿茶为六大健康饮料之首"和"科学饮茶有益身心健康"的理念，正确引导消费者科学饮茶、理性购茶，使茶叶消费健康稳定增长，促进全民身心健康。

2. 茶园土壤板结，施肥效果下降，已成为制约茶园优质高产高效和污染环境的主要因素，因此，研究开发适合中国特色的茶园耕作施肥机械迫在眉睫。

3. 由于经济发展，人民生活水平提高，人工采茶成本越来越高，实行机械化采茶势在必行。纵观国内外茶产业发展趋势，优质茶机采是完全可行的，应大力研究、逐步实行。而名茶要机采，关键是鲜叶分级机的研制。

4. 建议发达地区可结合国家倡导的全域旅游，像法国发展葡萄酒庄那样大力发展茶庄经济。但目前存在两个亟待解决的问题，一是茶园承包期限不够长，二是发展茶庄经济所需的土地问题难以落实。

5. 茶园集中连片、大规模种植的贫困地区，应充分发挥劳动力优势和土地优势，像立顿红茶那样利用价格优势和拼配技术，大力生产、销售中低价优质茶，满足工业用茶、办公用茶和普通消费者用茶。

6. 培养现代茶农。大力发展适度规模经营和标准化、精细化、省力化茶业，做好产前产中产后服务。

……

有人问过方乾勇，老是围着茶转累不累？他只淡淡一笑，什么都没有说。我想，有一句话可以表达他的心声：茶中有真意，欲辨已忘言。

第十三章

龙在南山

2005 年的一天下午，方谷龙从睡梦中悠悠醒来。还没睁开双眼，他就知道自己不是睡在家里。这个念头一出现，脑细胞就像汽车引擎被发动一样开始思索：那么，我这是在哪儿？与此同时，他的耳朵、皮肤和鼻子得到大脑指令，听觉、触觉、嗅觉接二连三苏醒过来，纷纷恢复到工作状态——他只感到四周静谧，没有平常家里那样的噪音，空气里有一种清凉，仿佛有什么流质的东西在房间内荡

龙在南山

漾，带着沁人的微甜，这使他的身体产生了浮在半空中的美好错觉。哦，他想起来了，自己是在南山茶场。由于主人经营不善，欲将其转包给他，三番两次邀请他前来参观，这才有了他的南山之行。上南山的路不好，他们是乘坐拖拉机上来的，一路上颠簸得很厉害，山路陡峭，急弯也多，但一到山上，却是另外一番景象：这儿属于山顶茶园，茶场周边没有村庄，人迹罕至，同时也成就了空气清新、水源清洁、天然无污染的生态环境，方谷龙被吸引住了，眺望了半天茶园，心旷神怡。中午他拗不过主人的热情，留下来吃了顿富有特色的农家饭，又喝了点酒，便听从主人的安排，睡了个午觉。没想到山中安宁，醒来竟至忘我之境。他已经很久没睡过这么深而沉的长觉了！像手机电池电量满格，他感到全身上下都充满了活力。翻身下床，来到窗前，轻轻推开窗户，淡淡的乳白色雾岚瞬间奔涌而入，将他团团拥住。他心头一喜，"高山云雾出好茶"的古谚立马出现在脑海。正值太阳下山时分，暮霭正慢慢笼罩层层叠叠的山头，天空呈现出蛋壳青色，在柔和的山脊线包围下，连片的茶垄如一大块碧绿的毛毯在清新的晚风中舒展。

南山茶场胜景

忍不住走出门去，外面的空气更加沁人肺腑，方谷龙张开双臂贪婪地呼吸着这鲜甜，心中感慨着"缘分啊！"同时掏出手机，搜索到奉化林特总站高级农艺师方乾勇的名字，然后按下了拨打键："方高工好！我想麻烦您一件事，我想要承包南山茶场，您能抽空帮忙考察指点一下吗？……"

后来的故事大家都知道了。方乾勇建议方谷龙：一是承包茶场时间要长，二要舍得投钱。2006年，方谷龙正式跟南山茶场所属的奉化市尚田镇杨家堰村签订了24年合同（依照国家第一批承包期到2030年为止而定），同时光荣地加入了奉化市雪窦山茶叶专业合作社。在方乾勇的指导下，方谷龙将南山茶园里原来种的野山茶和鸠坑群体种茶大部分换成了无性系良种茶。今天的南山茶场已经成为全奉化最大的"奉化曲毫"生产基地，共有1000多亩，其中高山基地700多亩，平地基地300多亩。名优茶叶品种有"安吉白叶1号"100亩，"福鼎大白"300多亩，"平阳特早"50多亩，"元宵绿"30亩，"迎霜"100亩，"金观音"50亩，"黄金芽"30亩，"鸠坑种"380亩。

🔴采摘黄金芽

做名优茶收入比做大宗商品茶好多了。方谷龙确信南山这块土地跟他是有深情厚谊的。还记得第一次尝试，他挖去 200 亩原先的老品种茶树，种上号称特早生、优质、高产的优良茶种"浙农 139"，没想到老天直接就给了他当头一棒，接踵而至的一场大旱，使所有的"浙农 139"茶苗全军覆没。所幸塞翁失马焉知非福，在方工授意下，他迅速换种上安吉白叶 1 号，并安装了喷灌设备，后获收成良好，危机成功化解。就这样，一批接着一批，更替、改良、翻新，茶园成了无性系优良茶种的天下。金观音长势好，又好种，适合做红茶和乌龙茶，甜香明显。黄金芽曾经火爆一时，当年炒到 8000 元一斤时，其他茶农种这个发了财，他没有跟风，只管专注做好自己现有的几款茶叶；前几年试种了 30 亩，人家品种在退化，他家的黄金芽却一年比一年好喝，茶树像从小女孩长成了大姑娘，在南山的雨露滋润下成熟了，因而成茶后滋味愈加鲜爽，回头客不断。他觉得这儿的风水也向着自己。

方谷龙更相信一方水土做一方茶。奉化曲毫作为奉化特色名茶，品质特点是外形肥壮蟠曲、绿润、花香持久、滋味鲜醇、汤色绿明、叶底成朵、嫩绿明亮，浓缩起来为"色绿、香高、味醇、形美"八个字。因广受欢迎，南山茶场有时候鲜叶供应还不够，得从外面收购。奇怪的是，外面收购来的鲜叶外形跟他自家茶场的一样，甚至更漂亮，但却做不出曲毫应有的效果。可见茶叶对小气候有极高要求，只有高山云雾的宜茶环境下种植出来的茶叶加工后生产的奉化曲毫才绿翠清香，滋味纯爽，回味甘美。这充分说明了原产地保护的重要性。

南山的茶产品除了名优茶，还有大宗商品茶。名优茶包括耳熟能详的"奉化曲毫"以及后来自行开发的"弥勒白茶""弥勒红茶""弥勒香茶""老白茶"等，大宗茶有外销珠茶和外销眉茶。方谷龙承包南山茶场后的翌年，也就是 2007 年，他家的"奉化曲毫"即荣获世界绿茶大会最高金奖；2009 年，更一举荣获"中茶杯"特等奖，超过了宁海的望海茶；之后又于 2012、2014、2016、2018、2022 年连获国际茶文化节"中绿杯"金奖。南山茶场生产的"弥勒白茶"2008 年荣获第七届国际名茶评比特等奖，2013 年获评"明州仙茗杯"金奖；生产的"弥勒禅茶"2010 年荣获第八届国际名茶评比金奖……2014、2015 年连续两届在宁波举行的中小企业全球发展论坛大会上，方谷龙亲手将"奉化曲毫"作为礼品送

南山茶场荣誉墙

到韩国前总统李明博和联合国前秘书长安南手中。

方谷龙接手之后的南山茶场面貌焕然一新，更赋予了全新的内涵：他出资修建成立奉茶文化展示中心，宣扬茶文化，定期举办茶叶生产技术培训和茶艺茶道培训，努力提高茶农整体素质，传播喝茶有益于身心的健康理念，使更多人爱上喝茶这个健康的生活方式。也是应了"能者多劳"这句古话，方谷龙本人除了担任奉化茶文化促进会副会长，"雪窦山"茶叶专业合作社副理事长，尚田茶叶研究所所长之外，还考取了助理工程师，当上农产品经纪人，且在种茶、制茶、售茶过程中不断钻研，开发创制了茶叶衍生产品"便携杯茶"和"茶叶护颈"等，深受消费者欢迎，并获得两项发明专利。2011年，方谷龙光荣入选"中华茶人"。

方谷龙和茶叶的缘分源于小时

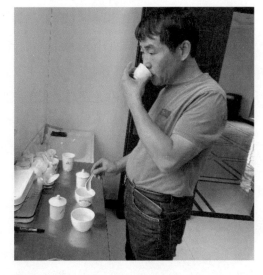

方谷龙在评茶

候。他的家乡余姚陆埠裘岙村地处四明山腹地，人口多，资源少，家家户户只有几亩茶山，连打柴都得去其他村打。从穷乡僻壤出来的人特别聪明、活络，那时整个村庄的村民都靠做点茶叶买卖和其他小生意维持生计。方谷龙的爷爷和外公以及父亲都有过走街串巷卖茶叶的经历。小方谷龙经常听爷爷、爸爸他们讲卖茶叶时的遭遇，对茶叶的好感几乎与生俱来，且因为长期耳濡目染，对茶叶的品质优劣几乎了如指掌。

后来，因为茶叶开始统购统销，父亲见卖茶叶没了前途，就让高中毕业的方谷龙去学手艺，当时父亲心里只有一个很朴素的理念：手艺人，无论什么朝代都饿不死。方谷龙先学了一段时间的石匠，后来发现自己身单力薄不合适，就转而学起了木匠。人家学徒要当3年，方谷龙只学了两年半就出师了，然后便跟着师公、师父一道上门去给人家打家具、造房子。那是20世纪80年代，包产到户政策下来了，公社一共60多亩茶山分至各家各户，方家也分到了两三亩茶叶地。摘下来的鲜叶想去村里的茶叶加工厂炒制，可是数量不够——炒一锅，70斤的成品茶，鲜叶起码得有200斤。方父只有靠自己纯手工炒作，方谷龙有空也来帮忙，父亲就开始手把手教授方谷龙炒制各种各样的茶。有段时间方谷龙做龙井，茶叶得紧贴着火热的锅底摁下去才能出来扁扁的形态且完整，尤其手心里那一把茶叶，得抓紧又不能太紧，太紧茶叶容易碎，没抓紧茶叶就开裂，但这样抓着又得强忍住茶叶内含水分蒸腾后的高温灼烫。于是手心全是泡。起泡后又不能弄破，更不能把皮揭掉，否则接下去的活就甭干了。还好有办法——用油浸过的棉线穿过水泡，这样，水泡很快就瘪下去，手心过两天就恢复如初了。

一次机缘巧合，方谷龙开启了卖茶之路。那一回，方谷龙跟随师公和师父去给邻村一位家中有茶山的农户造房子。木工活结束时，师父问主人家买走了一些茶叶，说准备下半年去宁波卖。方谷龙见状，也要了一包茶叶背着回了家。恰逢供销社来收购茶叶，他一下子赚了几十块。当时他的工资才2元多一天。这笔钱无疑是一笔巨款！他发现，与之相比，做木工活太辛苦，还是卖茶叶来钱容易也更轻松。跟父亲一商量，父亲也认定，只要国家政策能持续放开下去，茶叶生意肯定好。他贩过私盐，卖过杨梅，但水果易烂。茶叶不同于其他农产品，可以久放，时间长了吸收了水分，分量还会变多。在父亲的支持下，方谷龙贩卖起了茶叶。裘岙南临奉化，奉化又盛产茶叶，故而方谷龙经常悄悄从奉化收购茶叶——为什么是悄悄？因为当时统购统销才刚放开，像他们这样挑了茶叶买卖的叫作"投机倒把"，好多地方设了检查站，如果被拦下来查到"非法物资"，是要被没收并罚款处理的。于是他们只好深更半夜出发，一路上还提心吊胆，大气都不敢喘，唯恐惊动检查站的人。当时奉化江口就设有一个检查站，方谷龙每次都绕远路，避开这个关卡。随着国家政策的逐步放宽，生意好起来，他的钱包也越来越鼓。此时的方谷龙并没有意识到，自己与奉化的缘分已经正式开始。

前面说过，裘岙村里有个茶叶加工厂，是属于公社的。因经营不善，厂里的机器坏掉了，没有人会修，平时更疏于维护管理，眼看着就要倒闭。1996年，方谷龙和他的一个老表一起将厂子承包了下来。方谷龙有文化，懂机械原理，又会钻研，自己摸索着就将茶机修整好了。就这样，他一边加工茶叶，同时从外面收购鲜叶，茶叶生意有了起色。3年后，他转去6里开外姐姐姐夫家所在的邻村孔岙包了160亩茶山，开始做龙井茶。刚接触名优茶，销路不顺畅，过程艰辛又曲折，所幸，苍天不负有志人，终于，他制作的茶叶在宁波市区打开了销路。在孔岙他也待了3年，期间经常跑奉化，奉化许多茶农都成了他的好朋友。

1999年，位于奉化黄泥墈的大集体企业、市精制茶厂倒闭，奉化茶农手中的茶叶无处可卖。大量的茶厂工人则面临下岗。有人就打电话劝说方谷龙把大本营挪到奉化来。方谷龙有些心动，毕竟这家茶厂是上规模的大企业。他便抽空来考察，看到厂领导和职工上上下下都在打牌，揉捻机等制茶机械都关停着，有些坏掉了也没人管。最终，在奉化茶农的牵线下，方谷龙承包下了奉化市精制茶厂的两个车间，还请了几位厂里的老工人。在奉化的事业就这样起步了。资金不够，全靠奉化的茶农们无偿支持，他们把鲜叶先放他这里，为此他打了一堆的白条，等茶叶做好了再给钱。茶农们这样做，只因他们信任他的为人。他还获得了一个"万能方"的名号。茶厂里的一切他都亲力亲为，停电了、机器坏了，都是他亲自动手，既当电工，又是修理工。他永远把茶农的利益放在第一位，茶季最忙的时候，厂里日夜加工，更省去之前一些不必要的中间环节，制茶效率越来越高。但这样做的同时，机器也最容易出问题，他就会连夜将机器修好，熬到凌晨两三点是常事，说不能耽误做茶。茶农们都很感动。

可惜，3 年后，奉化县江要治理，黄泥墩首当其冲，方谷龙的茶叶加工厂要拆掉了。没办法，只好转移。宁海一个茶农朋友向他伸出了援手。那是位于桑洲的一个很偏僻的茶厂，在山上，由于茶叶体积很大，制茶设备运输更是困难，那次搬迁，方谷龙费了好大的心力，本想着能多稳定一段时日，但那地方他不甚满意，只跟对方签了 5 年合同。他希望有个属于自己的茶厂。

这期间，奉化的茶农一直希望他能回来。首先是他们喜欢他。方谷龙加工茶叶价格公道又实惠，收鲜叶则因富有同情心而从不砍价。其次是宁海太远，前去找他加工茶叶不方便。几次三番打电话，方谷龙总是无奈说："奉化不是没合适的地方嘛。"他们就答："我们给你找。"2002 年，跟宁海桑洲那家茶厂合同期才满 3 年，奉化茶农真的帮方谷龙物色到了地方，是家现成的茶叶加工厂，因经营不善关停着，位于尚田镇杨家堰村村口，大路边，交通方便，地理位置好。村里的书记也来请方谷龙，希望他能过去掌舵。当时方谷龙手里正好有 20 万元积蓄，本来是准备用来买房子的，一想能够就此拥有属于自己的茶厂，他一咬牙就将茶厂买了下来。宁海那边也理解他，主动终止了合同。奉化林特总站得知方谷龙准备长期入驻奉化的消息，将他的茶叶加工中心纳入招商引资项目。这年年底，方谷龙搬回奉化。在林特总站方乾勇等人的帮助下，营业执照批得很顺利。2003年春，真正属于方谷龙的"奉化市香茗茶厂"正式开业，并很快成为宁波市级农业龙头企业，长年收购宁波大市及周边县市茶农生产的毛茶，带动了整个奉化茶产业的发展。目前，香茗茶厂是奉化唯一一家通过了中国绿色食品发展中心认证的绿色食品茶叶生产基地，也是雪窦山茶叶专业合作社的支柱企业。

两年后，命运之手将南山茶场奉送到了方谷龙面前。在承包前，虽然得到了方工的鼓舞，但其实他内心还是发怵的。因为之前包过茶山，实在太辛苦，几乎一天到晚都在山上跑。当时他种的是低端茶，销售的是大宗商品茶，茶叶可以采春夏秋三季，对质量要求不高，完全得看天吃饭。有时候叫来了采茶工人，天却下雨了，害他白白浪费工钱；有时候刚请人给茶叶喷上农药，天又开始下雨，则既损失农药又浪费人工……没辙，他就叫上妻子和自己一起劳作，为茶叶除虫。结果他对杀虫剂过敏，一趟还没喷完，整个人都红肿起来，浑身上下皮肤发痒。他想了个办法将自己全身用尼龙纸包起来，以为这样能隔绝与药物的接触。结果是闷得要死，浑身上下很快被汗湿透……他那时就想好了，打死不包茶山，就做茶叶加工。没想到，南山上一场午觉俘获了他的心。但回想起当年自己在茶山上的遭遇，他又犹豫说："要从长计议，我一个人肯定不行。"这时，当地资深茶农、茶艺师张国瑞表态了，他说："茶山上面的事情我包，你比我细心，茶厂加工和茶叶销路你来管。"方谷龙听了，顿觉没了后顾之忧。就这样，他成了南山茶场主人。从此，南山茶场优良的地理条件和香茗茶厂严格的茶叶生产管控双管齐下，所生产的各类茗茶揽获金奖无数，也连续几年被区农安办评为农产品质量安全放心生产基地。方谷龙在宁波茶界也声名大振。2017年他又投入500多万元升级改造厂房和设备，通过出入境检验检疫局的认证，取得自行进出口权，使奉化茶叶真正批量走出了国门。

2015年下半年起，方谷龙在南山上建起以茶为特色和主题，集餐饮、住宿、会务、品茶、观光、休闲为一体的现代农场"奉茶山庄"，茶场内可开展休闲农业游，开发茶园采制体验、徒步垂钓、登山观光摄影为主题的生态休闲游、民宿疗休养、亲子体验游、茶园农家乐等，让消费者在云山雾海的绿色茶园内体验沉浸式消费的乐趣；一年中的3—11月，消费者还可以在南山亲身感受茶由一片树叶变成一杯茶汤的全过程。另外，方谷龙还建起小型生态养殖场一个，养殖生产的特色"茶香猪""茶香鸡"供应山庄餐饮部，所产的粪便作为基地有机肥，形成一个良性循环体系。2015年年底，南山茶场被评为全国三十家最美茶园之一。至此，他的企业茶旅融合发展，茶区变成了景区，实现了"南山茶场""香茗茶厂""奉茶山庄"三产的同步发展。"三产"也为方谷龙赢得满墙荣誉：浙江省级标准化名茶生产厂；宁波市级示范性家庭农场；奉化区食品生产安全示范基地，奉化"绿色食品"生产基地。最近正在申报浙江省级农业龙头企业。

2015年度最美茶园

作为奉化茶产业的领军人物代表和浙江标准化茶厂的领头人，方谷龙

研学团队来南山

低调，内敛，识大体，积极推广"奉化曲毫"品牌标准化建设，让奉化曲毫凭借其独特的制茶工艺，成为更多茶农的致富茶。"奉化曲毫"今天能熠熠发光，他功不可没。但面对当今茶园面积盲目扩张导致的产能供大于求、劳动力老龄化、市场两极分化、经营模式单一、扶贫流于形式等问题，以及茶产业内卷严重的现状，方谷龙深感肩上的担子不轻。他认为，要有担当，改变思路，与时俱进，不断创新，才能突破这些难题。

第十四章

安岩有好茶

2006 年春末的一天，奉化茶农黄善强携他家茶场生产的安岩白茶去宁波参加了第三届"中绿杯"全国名优绿茶的评比。这是他第一次亲临现场，目睹由全国茶叶行业相关科研院所、大专院校及具有丰富茶叶审评实践经验的知名专家组成的评审团队对茶样进行综合品评。活动现场还有他这样的茶企代表若干。他在这些同行的脸上看到了紧张与好奇，而他自觉内心只有好奇，丝毫不紧张——因为之前他家的茶叶已经连获两届金奖，他有足够的自信再次获奖。

早在 2004 年宁波首届国际茶文化节上，中国茶叶流通协会、中国国际茶文化研究会和中国茶叶学会这三家全国茶产业最高权威机构首次联手举办"中绿杯"中国名优绿茶评比活动，供销社（当时茶叶归口单位是供销社）的人通知黄善强拿点好茶叶去参评，他就送了点刚上市的白茶给供销社，没想到就获了个金奖回来。他家的安岩白茶就这样一炮走红，但他并没有把这事儿放在心上。

2005 年"中绿杯"比赛在即，黄善强还没等到参评通知，茶界同行对他家茶叶表示不服的消息却传进了耳朵。他就想，不去蹚这趟浑水算了。而奉化供销社为了取得好成绩，先预选优质绿茶。有人自己拿不出好茶就从新昌高价购买，有人则请来最好的制茶师傅做样品茶。结果一品评，这些样品茶都很普通，拿不出手。供销社便派出两位科长亲自上门来请黄善强出马。黄善强自然无法拒绝，取了新茶让两位科长带去。样品茶还多出了一点点，他就给两位科长一人泡了一杯，让他们尝尝鲜；喝了之后，他俩先是耸起眉毛惊异，后是闭上双眼陶醉，那丰富变化的表情，他至今都没忘。评比结果是其中一位科长打来电话通知黄善强的，科长以为没评上，因为他是一边看大屏幕一边打的电话。结果抬起头来目光扫到最高位置，才发现了安岩白茶的名字，在宁海望海茶之上——望海茶那次得的是银奖第一，安岩白茶则是金奖第一。

2006年"中绿杯"还名不见经传，毕竟才第三届，不像现在，"中绿杯"的名气在我国绿茶领域内已如日中天，可用三个"最"字来说明：规模最大、知名度最高、最具影响力与权威性。在现场，黄善强看到参评的名优绿茶有效样品只有6份。听主持人说，这次评选还是按照干茶的外形、茶汤色泽、香气、滋味、叶底这五项因子进行综合评审。茶叶样品称重后被一一放在展示碟内，专家评委一个个瞪大眼睛开始细致观察，有人拈起茶叶来凑到光亮处细看，有人看完还要拿到鼻前深嗅，然后在各自的本本上写下分数。这个环节之后，穿着漂亮茶服的服务员就开始冲泡茶叶，样品一撮撮被放入玻璃杯中，热水注入后，评委们对着一杯杯茶汤察颜观色；过了三四分钟，他们才端起茶杯细细品鉴起来。黄善强注意到，这次的主评是位头发花白的高个儿老太太，她衣着朴素，走起路来还一瘸一拐。黄善强悄悄打听了一下，才知道这位老太太是著名茶学专家、全国政协委员骆少君女士，时任杭州茶叶研究所所长，国家茶叶质检中心主任兼《中国茶叶加工》杂志主编。来当评委前几天，她不慎崴了脚，大家都劝她别来了，但她言出必行，硬是克服不适到场。只见骆少君品尝了安岩白茶之后，双目微闭久久不语，沉吟半晌之后才开口点评道："这款茶叶色浅白、汤色清透，自带花香及幽香，滋味尤其鲜美，在中国，这种茶叶少有。"旁边立即有人赞同，说简直像放了味精，鲜得不可思议。骆少君还说，这么好的茶叶，应该要重点来抓，可以考虑做名茶，甚至打造成贡品。最后，黄善强听到自家的茶叶得了98分，毫无悬念，又是妥妥的金奖。

当骆少君知道是黄善强种出了安岩白茶，握住他的手说，她要亲自去看茶叶的产地，因为她无法相信奉化能产出如此优质的绿茶。黄善强二话不说就直接向她发出了邀请。就这样，骆少君亲自来到了黄善强的安岩茶场。那天，她的腿伤还没好利索，当她随着黄善强一步一拖爬上当时尚未筑路通车的雾云岩，面对着他的茶园兴奋得连连惊呼："怪不得！这样好的种茶环境，全国少有！"

👉获奖大户黄善强

　　2007 年的"中绿杯"安岩白茶因故未参评。2008 年开始，"中绿杯"改为两年一评。算起来，自首届揽获金奖至今，黄善强的"滴水雀顶"高山生态白茶已蝉联了十届金奖，他也由此被业界默认为将奉化名茶推出去的第一人。

　　黄善强认为自家的茶叶好，离不开"老天爷赏饭吃"这句老话，以及"天时地利人和"这三个因素。他的家乡安岩多胜景，有文化底蕴，更有不少跟茶相关的逸闻。安岩，首先是山名，风景秀丽，奉化历代县志都有关于它的记载，南宋奉化籍文学家楼钥还为它写过文章。安岩也是当地一座颇具规模的寺院的名字，古时就很有名，人称"小雪窦"，五代后汉时寺里出过一位僧人叫清耸，佛学造诣深，品德高尚，被吴越王钱俶知道后，邀去灵隐寺当了住持，法号了悟。黄善强打小就听说，安岩禅寺有五株古茶树存世，但没有人真的看见过。从古到今，不法之徒在安岩寺周边盗挖古茶树的消息屡有耳闻，黄善强庆幸它们没有被找到。这个传说也能证明这方水土适合种茶。

　　宋代文章大家戴表元曾写过一首茶诗，题目叫《梅山》：

梅尉功成后，安知不此来。

路逢耕者问，山寺化人开。

樵陇低通海，茶村暖待雷。

谈玄亦可隐，不用垦蒿莱。

　　诗里的梅山就在安岩的最高峰翠峰对面，西汉著名道家梅福曾在山上炼丹。梅山顶上的尊顶寺现在是道、佛胜地，寺左岩壁下还留着当年梅福炼丹的丹井，传说饮用丹泉水可明目去病，泡茶更有奇效。黄善强猜测戴表元诗里的山寺可能是兼指了尊顶寺和安岩寺，或许他是从梅山的尊顶寺取了丹泉，去安岩寺泡茶喝呢。

　　安岩又是一个自然村的村名，归属奉化区尚田街道葛岙行政村。因受大型水利工程葛岙水库建设影响，安岩也在受淹村之列，地处低洼的村民大都已人去楼空，但黄善强留了下来。因为他的茶场就分布在安岩山上，周围的六七座山头都是，地势相对较高，茶园边林木密布，溪水潺潺，最高峰雾云岩海拔 650 米，常年云雾缭绕，优越的自然条件很适合茶叶生长。黄善强今年七十有一，眼不花，

安岩茶场一角

耳不聋，脚轻手健，体态完全不输年轻人。他的保养秘籍就是"地利"——安岩山好水好，特别养人。他眼睛至今不花，照他的说法，即得益于他的老本行——种茶、制茶以及经常喝茶。

黄善强一开始是个地地道道的农民，并不懂茶。年轻时，因乡政府茶场就在村里，耳濡目染，就对茶叶这一行产生了兴趣。1986 年分山到户时，36 岁的他便将村里的 24 亩茶园承包了下来。到手的茶园其实就是荒山，山上全是一人多高的茅草，茶树都被埋没了看都看不见。幸亏妻子很勤劳，天天钻在山里割草，没日没夜打理，茶园才总算露出了清晰的面目。黄善强则天天奔忙在外，夜夜思考茶叶怎么搞。那时龙井很火，他跟妻子商量，要不先做龙井茶。但龙井不会做，二人就跑去做龙井最出名的杭州满觉陇学。付学费时他意识到，等全部学完再回来，采茶季怕是都过了。他就决定学完上半场，下半场不学了，直接回来大着胆子自己动手制作。

那一年，他们夫妇俩一共做出了 40 多斤干龙井茶。那是 1987 年，茶叶不好拿去街上售卖，怎么办？黄善强灵机一动，想起了一个人——奉化林业局副局长江建平，黄善强在尚桥茶场听过他的报告，人很实在。想办法打听到江家后，他登门拜访，自我介绍后便直说想让他帮忙销售自家的茶叶。江局长很热心，对安岩这一片很熟悉，知道安岩水土好，对他带去的茶叶也赞不绝口，当场应允下来并很快销售一空。就这样，黄善强对干茶叶这一行有了信心。

翌年，他扩大了茶叶种植面积，这年制作出的龙井比上年多了一倍。但看着八九十斤的茶叶，销路又让他犯了愁。好在他想到当时国营奉化茶场形势不错，他就赶到尚桥找了销售科长黄杰明。一番近乎套下来，五百年前是一家的两位黄姓茶人交上了朋友，黄杰明鼎力相助，三番两次来买茶叶说要去送礼，黄善强家的茶叶很快售罄。感谢黄杰明时，黄善强向他抛出了心中的疑问，为何不拿自己茶场生产的茶叶去送礼？黄杰明回答说，喝过你家的茶叶后，我们的茶叶就拿不出手了。

那两年，黄善强的工作重心主要放在茶叶的培植与销售上，制茶主要由妻子动手。自家的茶叶外形漂亮，得益于妻子制茶的好手艺，这一点他是知道的。同一年的新茶泡起来，人家的不如自家的香，他也隐约感觉到了。但他不知道的是，自家茶山出产的茶叶，跟隔壁村茶山的茶叶，同一天采摘，由同一位师傅炒制，味道竟然完全不一样——他家的茶汤明显比隔壁村茶农家的鲜爽多了！黄杰明的回答更使他又惊又喜，对茶叶真正产生了浓厚的兴趣，购买了大量与茶叶培育、管理有关的书籍，开始投入钻研与学习。在这个过程中，他深深感受到了科学的重要性，并意识到了科技兴农的神奇。

大约 1998 年，现任杭州政协党组成员、副主席毛溪浩还担任着尚田镇委书记，尚田镇里开庙会，黄善强认识了奉化茶叶专家方乾勇。奉化那么多茶山，上百户茶农，而当时方工是唯一的技术指导，选种、培育、施肥、病虫害防治……方工事无巨细都包揽了，且毫无怨言。黄善强对他极为钦佩，方工对他也很是看重。翌年，黄善强加入了刚成立的奉化市茶业协会。当他说自己想扩大经营，向方工咨询时，方工特地到安岩经过实地考察，向他推荐了"迎霜"这个品种的茶树，说它既可以制成珠茶，也可以做成名茶，还可做红茶，很有市场和发展前景。于是他就购买了 1.5 万株茶树苗，在方工的指导下，冬季为它们盖了塑料薄膜保温，到春天，所有插扦的"迎霜"基本都存活了。那年他除了自家茶园用，还转手卖掉了好些茶苗，赚到了很大一桶金。从此他更信任方工了。

"戴帽""穿裙"又"插花"的安岩茶场

　　黄善强是注意到陆羽《茶经》中的那句话之后，琢磨出如何让自家茶园与众不同的。陆羽说，"野者上，园者次之"。"野者"有两种，一种叫野山茶，即纯粹在山野里自由生长出来的茶；另一种叫野放茶，野放茶前期经过人工栽培，后期无人管理，进入自然生长状态，故而茶界又管它们叫抛荒茶。而"园者"即茶园茶，指园圃栽种的茶树。有资料表明，抛荒茶的茶多酚、氨基酸、黄酮、水浸出物含量均远高于茶园茶，耐泡度高，也更安全。既然野的更胜一筹，黄善强便根据茶山的自然环境，将茶园打造成了"野生"的模样。"戴帽"，就是保留山顶茂密的森林原样不去开发，茶场最高的雾云岩就经常像戴了帽子；"穿裙"就是保持山腰原生林木不变；"插花"就是在茶园四周和茶垄间种上桂花树。这样一来，这里的茶便带上了浓郁的山野清香。在培植与管理方面，黄善强也尽量多采用野放、抛荒的方式，减少过度的人为干预，并坚持传承纯手工炒制工艺，他家的茶叶因而拥有了特殊的品质和风味……

　　2002年时，黄善强听从方工种植名优茶的建议，再度扩建自家茶园，从新昌买了5000株白茶苗，他记得清清楚楚，那批白茶苗单价1元。而这之前，除了安岩寺那5株传说中的古白茶，他对白茶一无所知。只听说这茶是绿茶中的贵族，春季时叶色泛白，到夏秋就绿了……因为不了解白茶的性状，种下白茶之后他就特别用心，除了经常向方工请教，更勤于翻阅专业育茶资料和书籍，时不时就为它们浇水，每次上山干活都拎上羊粪肥等有机肥……功夫不负有心人。隔年之后，这些他精心培育的白茶就为他挣来了第一块亮闪闪的金牌。方工听闻黄善强家的白茶在首届"中绿杯"就获了金奖，而且分数奇高，有点不相信，还特地打来电话问他用了什么秘密武器……

　　茶叶给黄善强带来了荣誉和可观的经济效益。为把茶叶做得更好，他一鼓作气，建起标准化茶厂，同时买下位于安岩山脚的废弃的村小学校舍，改造成接待室、厨房、食堂、客房等，配套的生活设施一应俱全，每年来他家茶园采茶的采茶女就住在这里。这些来自新昌、嵊州的采茶女熟悉这里的一山一水一木一叶，她们像一只只候鸟，每到3月份就飞来这里，采茶季一过才恋恋不舍地飞回自己家。30多年了，当初的采茶妹妹如今已经成了采茶婆婆。黄善强夫妇也将她们当成自己的亲人。尤其是黄善强的妻子，每年在采茶女们到来之前，就已经浆洗

❦黄善强在茶园

好了她们的床单，准备好了干净的被褥，腌制好了美味的咸菜和冬瓜，将她们的宿舍打扫得干干净净。对于跟着自己辛苦了一辈子的妻子，黄善强只有竖起大拇指并奉上"贤内助"这三个字。自从事茶产业以来，无论身边的妻子，还是早期销售茶叶遇到困难时伸出援手的贵人，以及全程指导帮扶茶叶栽培和品质管理的方工，黄善强坚信这就是自己最幸运的地方——"人和"。

黄家茶园最高的雾云岩有处开阔的平台，视野极佳，四下观望，群山连绵。西面可见横山水库，东边即是行将蓄水的葛岙水库，眺望前方，蓝莹莹的象山港落入眼帘。耳畔是叮咚的山泉声，夹杂着山下的溪流淙淙，密集的水汽使这里常年云雾蒸腾。当初注册商标时，黄善强想到这上面有一个滴水岩，长年滴水不断，于是就有了"滴水雀顶"的注册商标。

如今，安岩茶场拥有良种茶园500余亩，年产各类高档名优茶5000多斤，"滴水雀顶"等品牌的茶叶在业界和消费者心目中已有很高的辨识度、公认度，精品茶叶供不应求。栽下梧桐树，引得凤凰来。安岩茶场也吸引了浙江省科技学院、"全球生态500佳"滕头村等单位和机构前来洽谈合作，一拍即合。茶场优越的生态环境也给区林特技术服务推广总站茶叶技术员王礼中留下了深刻的印象。2018年秋天，他和黄善强夫妇来到茶山雾云岩半山腰，看到一条蝮蛇懒洋洋地躺在水泥路上晒太阳，他大吃一惊。由于常年人工作业及化肥、农药的施用，严重干扰了蛇的生态栖息地，现如今在茶园很少能见到毒蛇了。黄善强微笑道，他们的

王礼中在安岩茶场指导

茶山由于一直坚持人工手工拔草，不用除草剂，茶园生态环境保护得非常好，是小鸟、青蛙及各类小动物的天堂。2021年在王礼中的大力助推下，安岩茶场顺利拿到了农村农业部绿色食品茶叶认证证书，2022年还顺利挂上了宁波市精品绿色食品示范基地牌子，成为奉化区绿色农产品生产示范"排头兵"。如今的安岩茶场常年保持与高端技术和品牌的合作，茶树栽培技术和管理方法更科学，茶叶加工工艺技术也更领先，越来越多类似于"浙江省示范性家庭农场"这样的荣誉牌挂满了茶场会客室的墙壁。

从事茶产业30多年下来，黄善强觉得总体还算成功，也并不觉得有多累。真正劳累的是妻子，里里外外干活最多，她也70岁了，身上多了各种各样的小病痛。女儿黄亚芳心疼爸爸，更心疼妈妈。人家五六十岁都已经退休在家，可以安安心心颐养天年了，自家明明不缺钱，她最爱的爸爸妈妈却还天天往茶山上跑，她看在眼里，疼在心里。黄亚芳原本是奉化区里一家大型企业的中层管理人员，年薪不下30万。放弃工作岗位接爸爸的班，得说服单位领导放能干的她离开，更得让家属接受她的想法，最重要的还是要让爸妈安心放手，把一切都交到她手里。为达成这一切，她花了整整一年半时间。单位完成工作交接，同时用实际行动证明自己能行——成为真正的茶二代，对她来说并不难，毕竟关于茶山、

💚黄亚芳在制茶

💚黄亚芳在她的制茶世家泡茶

茶树和茶叶，她从小就耳濡目染，她会采茶，也早就跟着妈妈学会了制茶，如果来一场考试，就算没有 100 分，基础也比一般人要好得多。至于管理，她在原单位的能力和水平大家有目共睹。

现在黄亚芳已经全盘接手了父亲的茶山茶园。黄亚芳还在奉化市区开了家茶馆名叫制茶世家。世家，既是一种高贵的称号，又是身份的象征，更蕴含着对待茶叶严谨的态度。黄亚芳说，用心制茶，才能传承为世家。她靠着自己良好的人脉网和先进的营销手段，接手第一年的茶叶销售量就远远超出了她父亲的预期——她很自然就把之前的企业客户变成了今天她家的茶叶消费 VIP 客户，青出于蓝而胜于蓝的气势不言而喻。对自家的茶事业的未来，黄亚芳满怀信心。

第十五章

雨易来之不易

2013 年国庆节，晚来的特大台风"菲特"横扫奉化，且罕见地徘徊不去，尚桥奉化火车站附近的雨易山房茶场老板王建行和老板娘周静波眼看着好端端的假期泡了汤，营业无望，便抱着侥幸心理回奉化市区家中休息。当天晚上，夫妻俩观望着窗外愈演愈烈的台风正焦虑、犹豫，没想到突然接到驻守在茶场的当家师傅周敏光的电话，电话里的周师傅已经语无伦次，说茶园告急，让他们赶紧过去，具体怎么样到现场一看便知。夫妻二人于是迅速出门，一路上狂风暴雨，只有他们的车在积水的路面上勇猛独行。驶过金海路一右拐，夫妻二人本来就提到喉咙口的心揪得更高了——路面突然变黑，原来是路灯灭了，估计是被风雨刮断了电线，他们只能降低车速，循着车灯照亮的一小片白茫茫的光亮缓缓向前，像一艘无所畏惧小船。终于左拐开上了由他们出资修好的通往雨易山房的必经之路，慢慢行驶没几分钟，车轮突然打滑，车身朝着一侧倾斜下去，幸亏王建行当过驾校教练车技好，猛打方向盘，车身才稳住了。怎么回事？二人惊魂不定面面相觑。王建行推开车门下去查看路况，他发现，路基已被冲垮，车灯能照到的路面都已经千疮百孔。车是没办法再往前开了。夫妇俩便决定把车停在这儿，步行上山去。一开始周静波还乐观地撑了把伞，没过半分钟便和丈夫一样浑身上下没一丝干的地方了。没有手电筒，索性收了伞当拐杖，两人手拉手互相鼓着劲，踩着坑坑洼洼的路面，一步步朝着雨易山房摸索前行。等他俩浑身精湿站到孤零零的自家茶场平房前，时间已是翌日凌晨。为他们开门的周师傅双眼通红，假期独自留守于此的他已经两天两夜没合眼了。烛光下，周师傅哑着嗓子对王建行夫妇说，对不起，这次台风实在能量太大、太怪异，好多茶苗被淹，没保住，驳好的石坎也被冲毁了。王建行拍了拍他的肩说，没事，事已至此，先休息，万事等天亮了再说。周静波一直在试图抹去脸上的雨水，却发现怎么也抹不干，强行镇静了一会儿，她才明白过来，原来是眼泪，止都止不住。

匆匆洗了个澡，王建行躺在床上，浑身疲惫酸楚，却怎么也睡不着。倾听着外面的风雨，脑海里出现的是自己创办雨易山房的一幕幕，记忆甚至追溯到更早前的一些跟茶有关的往事，清晰如昨——

年轻时他在部队当兵。当时部队办了家汽车培训学校叫国防汽校，退伍后他直接留在驾校当了教练。1996年逢部队改革，他接手驾校成了老板。因管理到位又肯吃苦，很快赚到第一桶金，用来买地扩充汽车训练场。那块23亩多的地，就在尚桥奉化国营茶场附近，离他的家乡山下地村也不远。那时他的驾校其

动车驶经雨易山房

实就镶嵌在漫山遍野的茶园间，那一年四季碧绿、如诗如画的茶垄，是他从小看到大的景象。每年三四月份春茶季时，勤劳的妈妈就跟村里的其他妇女一起为国营茶场采茶叶挣外快，小时候的他是妈妈的小尾巴，经常奔跑在散发着茶香的垄亩间，心中种下对茶的向往。奉化国营茶场有座和尚头山（书名作佛头山），听说海拔为奉化市区周边最高，母亲也经常从这山上采摘一种叶子肥厚的野山茶，她管它叫玉茶，自制成香喷喷的干茶后，用热水瓶泡上一搪瓷缸，喝起来满口生津，喝进嘴里的茶叶嚼一嚼滋味鲜爽极了。

母亲是采茶叶的好手，采摘的鲜叶品质好，茶场给她的采摘价每斤5分钱，属于最高一级。但是有一回不知怎么回事，收鲜叶那人称母亲的茶叶采得不好，价钱降到了4分一斤。母亲受了委屈，回家后还伤心了很久。这件事给小王建行的内心烙下了阴影，他暗暗许下宏愿，一定要争气，以后干大事，有主见，拿主意，让母亲扬眉吐气。

驾校就在奉化茶场旁，一来二去，老总徐国尧便成了老相识；副总、高级茶艺师宋光华则早已是老前辈，因为自家娘舅跟其是发小。从他们口中得知，奉化茶场20世纪60年代是浙江十大茶场之一，茶界地位很高，当时生产的茶叶品质好名气大，少量精品专门特供给中南海。一次偶然的机会，他还接触到一位嵊县来的茶师傅，知识渊博，还不遗余力教他识茶、爱茶……在这些人的影响下，王建行对茶叶产生了浓厚的兴趣。他开始了解茶的历史，他享受茶的冲泡过程，觉得茶叶在沸水中跳舞、盘旋，堪比花儿盛开；他懂得了茶要用心去品，知道了如何辨别一款好茶的滋味、香气和叶底。结合当时的国家经济环境，他更意识到茶产业的前景广阔。就在这时，有消息传来，金海路要开建，他的国防汽校所在区域被征收，驾校办不下去了。是另觅基地从头开始再办驾校，还是关停驾校改变从业方向？他正犹豫着，徐国尧和宋光华跑来了，劝他与茶结缘好，并明确表示愿当他的后援。2002年，王建行便斥资开办了一家精制茶厂，宋光华充当技术顾问，主要制作珠茶，将茶叶按大小、长短分成不同的品级，再用糯米制作的凝胶制作成珍珠样的茶粒，然后出口。而在这个过程中，随着经济体制改革，国营奉化茶场开始转制，偌大的茶园被分割，四分五裂，徐、宋等多位茶场主要领导来游说，说茶场面积最大那片茶园亟待有人去接手传承……

🍃雨易茶园生态佳

　　王建行没有贸然行动。因为人脉极广的他有很多选择，战友邀他去宁波开公司，朋友请他一起去开车行……但他还是忍不住跑去看宋光华他们所说的那600余亩茶园。那片茶园正处于北纬29.38°，海拔50米左右，是万物生长的黄金地段；仰靠的那座形似和尚头的高山属于天台山余脉，山上的土质跟奉化著名的长寿村南岙一样富含硒元素；且山头长年云雾缭绕，母亲告诉过他那叫"戴帽山"，生态环境极佳，种出来的高山茶品质尤其好。国营茶场几位领导见状则趁热打铁，说茶产业是项高尚的事业，如果他能接手这片茶园，他们将为他提供技术支撑，那他传承的就不仅仅只是这个地址，还传承了国营茶场认真制茶的精神。

　　一个人与一个地方的缘分就是这么奇妙，当然催化剂是情怀。2006年，王建行正式决定接手这片茶园。他的决定得到了妻子静波的支持，对他要投入大量资金必须卖房的做法也不意外。于是，20多亩土地和3套房子（两套5楼，一楼是出租的店面房），全卖了，外加驾校赚得的200多万元钱都被他们一股脑儿投入到了茶山建设中。熟悉他的人都说他拿出了壮士断腕的勇气。他却说，要干

❀茶山下的天然池塘

就干大一点，不能墨守成规或小打小闹。于是就开始规划，先修路，同时给毫无遮拦的茶园驳上石坎，还要造配套的房子和绿化造景；茶山在北，房子主体就朝南，就建在那个天然池塘附近……他对那个池塘极有好感，它的存在让他相信可能选择这儿的茶园是老天爷要赏饭给他吃，就算极端干旱天气出现，有这池水在，应对一个月的旱情应该没问题；再加之有水的地方才有灵气，他早已经酝酿好了新茶场的名字，就叫雨易山房：雨，水也，财也；易，交换，互通。雨润万物，易通天下。用下雨一般布施、感恩的心态，让朋友们一起分享财富，这名称的寓意不可谓不深刻。他想好了，他要于葱郁的茶山与茶园之中嵌上一颗闪闪发光的明珠，让雨易成为奉化农业系统中的佼佼者。

恰逢国家对农业支持力度加大，造田有补助。王建行立即顺势而为，跟奉化茶场之间的协议还没签订，工程就先上马了。听闻国营茶场"最大的孩子"有了妥善的安排，奉化市林特总站首席茶叶专家方乾勇亲自前来踏勘，并给出了中肯的意见：以前这儿的茶叶基本都是茶籽繁殖的群体老品种"鸠坑"，因过于传统在市场上已经没什么优势可言；如今既然重新开始了，不妨转变目标方向，换成

🌿王建行夫妇荣登浙江卫视"中国蓝"新闻

无性系繁殖，茶苗只要扦插即可，方便、省时且高产，最后可制成名优茶。方工给出的"处方"是乌牛早、白叶1号、福鼎大白三个茶叶品种，其中福鼎大白这款茶叶既可以做曲毫，又能制成红茶和老白茶。2009年，合理搭配的第一批茶苗按照规划齐刷刷地栽好了。王建行为纤弱的茶苗们覆上稻草，这样一来，既可以防寒抗旱、增肥土壤，野草也少了；不用农药，让它们在纯天然的环境下自由生长；对土壤的管理更是科学而严格，以利它修复及发挥最大肥力。

外围的服务做好了，内在也非常重要。王建行深知，茶叶要想味道好，炒茶的人最关键。周敏光就是这样物色来的。

周敏光是奉化茶界老前辈，1987年下海，走街串巷收茶叶、贩茶叶。周对茶叶的各项属性了如指掌，识茶有双火眼金睛，炒茶经验丰富，王建行认定他是一位隐身民间有天赋的工匠。为回报老板夫妇的慧眼识珠，周很快就在雨易山房独当一面，深受王建行夫妇的赏识和信任。王建行记得，他家第一批福鼎大白制成的奉化曲毫茶自带奇妙的兰花香，一上市就受到各方好评。这虽然跟雨易山房独特的地理环境和严格的品控管理分不开，但周师傅精湛的炒茶技艺更是功不可没。当然，也离不开茶场监制宋光华一如既往的全力把关。

2010年雨易山房的各项建设告一段落后，正式跟奉化茶场签订了协议。结果当年就遭受到了"鲇鱼"和"莫兰蒂"等台风接二连三的侵袭，把王建行的心都给打乱了。好在他很清楚，天将降大任于是人也，必先苦其心志，劳其筋骨，饿其体肤，行拂乱其所为……这是上天对他的考验，更像一个隐喻，拨云才能见日，好事才堪多磨，他必须坚强面对。于是便咬紧牙关，重整旗鼓。在向各方讨教尽力解困的过程中，宁波奉化两级市政府、农林局、雪窦山茶叶专业合作社、茶促会等机构和茶专家方乾勇等人给了他最大的支持和厚爱。伤痕累累的茶垄又渐渐恢复了原貌，他又新种上白叶1号、紫鹃、金牡丹、金观音、迎霜等名优茶种，间种鼠毛草、鹅观草——这办法叫以草制草，既科学又环保，这两种草成片还能形成新的景观。而他相信，到时候，这片美丽的茶园产出的成品茶将贵比黄金。他眼中的雨易山房就像一个举步走出乡野的女子，刚向人们掀开面纱露出侧颜，没想到，菲特台风来了……

6点不到，王建行就再也躺不住了。妻子和周师傅也都起床了。外面天麻麻亮，雨点更趋密集，风声从呼啸变成了怒吼，看来这台风是即将要登陆了。他们仨什么也做不了，只能担忧地看着窗外，默默祈求台风能快点过境。对面的山坡的样貌隐约可见了——之前那上面还是葱绿一片，现在茶苗们都被泥石流覆在下面了。不知道望了多久，刀割一般的心情逐渐麻木。忽听一声剧烈的"哗啦"声，远处高山上冲出一条白练，瞬间裹挟着大大小小的植株朝着他们仨所在的房子席卷而来！三人以为是山洪暴发，本能地想逃，可与此同时，脚下又一阵震动，屋外的池塘边一声怪叫，窜起一条白龙模样的东西，迅速和茫茫大雨搅和在了一起。"出蜃了！"小时候听过的神话传说中的龙竟然活生生出现在眼前，三个人都惊呆，仿佛被定身法定住了身体。屏住呼吸等了一会儿，却什么都没有发生，门外随着几声砰砰砰夹杂着唰唰唰的噪响，似乎有披头散发的大物件撞在了房子上，然后就静下来，只有风还在呜呜地叫，雨势有了渐收的迹象。三个人壮着胆子打开门，只见门外歪着两株大松树——也得亏它们用身体挡住了泥石流，否则房子真的可能会被冲倒。而不远处的池塘水像被烧开了一样正疯狂四溢，原来刚才那条"蜃龙"是因为池塘的岩石缝彻底吸饱了水，再也承受不了压力，才冲天而起。站在一片狼藉中的王建行笑了，妻子吓坏了，结果他说："你不觉得老天爷是在暗示我们，咱要像刚才那两条龙那样一飞冲天了吗？"

巨大冲击带来巨大勇气。从头再来的雨易山房冲破之前的藩篱，用全新的理念和创新意识，很快脱胎换骨。王建行在山坡上造起有特色的房子、亭子、健身步道、游乐设施，提供住宿、餐饮、团建、茶艺、烧烤等服务，他的想法是：先不以营利为目的，先引流，把人吸引过来，茶叶销售和茶产业发展就不成问题了。雨易山房很快成了网红。来看看当年的宣传册上的文字：

雨易茶场地处西坞街道尚桥村奉化火车站旁，交通便利，600余亩茶园发源奉化茶场，常年云雾缭绕，风景秀美。主要生产功夫红茶、奉化曲毫、白茶、黄金芽茶等。近年来专门成立红茶研发基地（中心），研究红茶加工工艺，开发红茶健康养生，产品屡获省内外大奖。

茶场致力于发扬与传播中国茶文化，与浙江农林大学、宁波市茶文化促进会、宁波市供销社等单位合作，创建茶艺培训基地，开展茶文化宣传，同时利用茶园和山地资源开发健身休闲步道，发展观光旅游业、生态种养殖、特色农家乐，挖掘奉化传统土菜和新颖特色菜，打造舌尖上的雨易。目前，茶场已逐步实现茶文化与休闲旅游产业的完美融合，多种经营模式协调发展，成为宁波地区生态茶园特色休闲基地，先后获"宁波十大休闲庄园""宁波最文化茶馆十强"等荣誉，争取成为宁波都市休闲庄园的典范。

网红打卡地雨易山房

雨易山房成立红茶研发基地（中心），产品屡获省内外大奖，源于2015年宁波市首届红茶比赛时，他们的"雨易红"红茶在40只样品中脱颖而出，夺得金奖第一名。那天周静波接到电话通知让她去领奖，她正好在去宁波送茶叶的路上。当时去参赛她也没抱什么必胜的信心。没想到竟然得了奖，还是第一，真是有心栽花花不开，无心插柳柳成荫——周敏光师傅的辛苦没有白费。

周静波记得很清楚，"雨易红"的面世其实源于一次失误。这天，周师傅因故不小心耽搁了绿茶的制作。为了不浪费鲜叶，加上他年轻时曾在福建学习过红茶的制作，便将那些摊青时间过长的叶子拾掇着在揉捻机上做了起来。周静波过来看见了，觉得这些茶叶颜色跟平时不一样，就问周师傅怎么回事，周师傅便答复自己正在尝试制作红茶，这个颜色是萎凋后的结果。周静波很感兴趣，作为一名学习不止的茶场老板娘，她从茶叶的栽培到制茶到茶艺，统统都有涉猎。她了解红、绿、黄、黑几类茶叶的共性，知道绿茶的首道工序叫摊青，需在低温下稍微晾干，不能太瘪；而制作红茶的第一步叫萎凋，所需温度稍高。二者在制作过程中，对茶叶所含水分的控制程度不同，相比较而言，绿茶杀青后的干度，大约就是红茶萎凋后的干度。

雨易山房要打造奉化第一款红茶的消息引起了区林特总站茶叶技术员王礼中的注意，他立即赶到现场，进行专业审评和技术指导。奉化乃至浙江地产红茶与世界上大叶种红茶或红碎茶有所不同，它们更强调浓、强、鲜，而奉化红茶的开发和产品定性要结合宁波本土市场和本地消费者口味，更注重鲜爽甜醇，采摘标准相对更细嫩，口感柔和，带点花香、甜香更佳。王礼中说，真正获得一杯好

雨易老板娘周静波是位资深茶艺师

茶，茶叶品种、土壤、栽培管理、采摘、加工、储藏、冲泡，这7个环节，缺一不可。周敏光根据茶叶在各个环节的香气变化，不断反复进行调整，最终能够恰到好处地把控，乃至积累经验，一款品质稳定的红茶正式"降生"。王建行将其命名为"雨易红"，还请人设计了朴素又大气且环保的牛皮纸包装，一上市便赢得了业内人士的赞誉。不久后，宁波市首届红茶大赛举办，雨易红夺魁，可以说是在短时间内一炮走红。所有人一开始都觉得纯属意外，回过头来又觉得应该是在意料之中。此次获奖表面看是运气好，实际上来之不易，所有的幸运事件背后必定包含着背后的艰辛付出。

王建行他们沉浸在喜悦之中，王礼中及时提醒他们说，雨易红茶目前采摘标准还不够精细，发酵和烘干工序参数还需进一步优化，这样制出的茶才能每批基本口感一致，相差无几，稳定的辨识度对消费者来说，是十分重要的。我们制作

🍃王礼中和周敏光在探讨茶事

🍃王礼中在雨易茶场指导

的茶叶，跟鲜叶的自然品质、加工设备息息相关，跟制茶时的空气水分温度都有关系，更跟制茶人的水平有关，茶叶是带有茶人情绪的。茶事业，无止境。需要不断研究，才能不断进步。听了王工一席话，王建行如醍醐灌顶，自此眼界更开阔，格局打开，雨易山房的局面也更上一层楼了。

2017 年开始，王建行砍掉曾经那些与茶无关的枝枝蔓蔓，从此专注于茶叶的进阶，优良茶叶品种，高级技术指导，加上师傅钻研制茶工艺的结合，来提升茶叶品质。打个比方说，之前的雨易红茶还在 1.0，如今要不断研发制作 2.0。以前他想靠种茶、卖茶致富，并在自己能力范围内带动农民致富，将奉化的好茶推出去，这叫责任心；现在他已经站在了茶产业的潮头，认为宁波"书香古今，港通天下"，历史文化久负盛名，却缺一款能够代表宁波分量的好茶。他的想法跟王礼中、方乾勇不谋而合。为了带动全区红茶产业进一步发展，作为区农业技术服务高级农艺师的王礼中及推广研究员方乾勇，已一起谋划了更大篇章，注册了全区红茶品牌"雪窦红"，准备以雨易山房为示范点和起航地，带动南山茶场、久峰茶场、安岩茶场及大堰镇，一起享受红茶发展的"红利"。

眼下王建行正思谋打造一款中国的海上丝路茶，以传承宁波悠久厚重的文化和宁波精神，让世界人民重新认识宁波。"这可以称之为抱负了吧？"王建行这样说着，表情略带着羞涩；而讲起他的儿子，他笑容一下子就变得灿烂：他和静波唯一的儿子读大学时就已经决定，继承父母的事业。从云南农大毕业后，他考到浙江农大读研究生，目前的专业是茶叶大数据研究。相信这位握有"茶叶大数据"先进技术的茶二代定能将"雨易"这块牌子发扬光大。

第十六章

割不断的茶缘

1989 年的一天黄昏，松岙镇海沿村村民李再能从宁波回到家中，把塑料桶、黄鳝笼冲洗干净，又痛痛快快洗了个澡，一身腥味和疲惫才总算消散得无影无踪。吃过妻子准备好的简单晚餐，他踩着轻快的脚步来到村中心大队间旁，绕着三间崭新的屋地基慢慢踱起了方步。这是他花费 5 万余元为儿子光达置下的，光达还小，还没上小学，但早点为儿子以后的好生活做准备肯定不会错——在农村，新楼房是娶妻必需品、硬杠子，否则就算最终娶到了老婆，男人照样在村里直不起腰、抬不起头，这在李再能心里是不可原谅的。眼前的空地基上已经堆满了砖头、钢筋、空心板和椽子——前些年种茶叶的积蓄虽然耗得差不多了，但用在为儿子"打江山"，这是实力的体现，他打心底里感到开心。回想起自己跟茶打交道的日子，苦与乐历历在目，同时涌上心头。

李再能是 1980 年开始跟茶叶结缘的。当时国家开始推行家庭联产承包责任制，他所在的海沿大队有两个比较珍贵的名额，一个去老年队，一个去茶山。幸运的他抓阄抓到了"茶山"，正中下怀。他思谋着每天在茶山附近斫两捆柴，忙完下山来时顺便带下来卖钱。李家兄弟姐妹 5 个，家里穷，但父母从小就教育他们要勤劳，因此李再能虽然个子小，但是很能吃苦，做事特别认真。大队那爿茶山很快承包了，10 人分三组，李再能那组分到的茶山无论位置还是茶树都是最差的，但三人心齐，施肥锄草样样都要做到最好，在他们的精心打理下，茶叶收成全队最好。可是这股高兴劲儿没维持两年，1984 年国家茶叶政策调整，春茶摘完，供销社不收茶叶了。这变化令很多茶人迷茫，但李再能挺住了。因为他看好茶叶这一行，觉得困难是暂时的，熬过去了就会好起来。等到1985年，茶山包干了，伙伴们打了退堂鼓，他则果断出手，第一次承包到了属于自己的9亩茶山。钻在茶垄间埋头拾掇的收获是：那年底，夫妻俩一合计，竟然积下1000元巨款。事实证明，跟茶叶打交道可比之前在生产队里干活挣工分好多了。这条路，他走对了！

1986年，一个亲戚来推荐，离松岙不远的五百岙村有60亩茶山，问李再能愿不愿意承包。他心里一动，60亩，按照之前的经验，扣除掉化肥等成本，一年赚个5000元不成问题。于是便跑去山上察看。一到现场傻了眼，由于村里不肯放本钱，茶山缺乏打理，满山的茅草长得比人都高。拨开茅草露出来的茶树却长得像黄栀，又黄又瘦，他一看就知道是长期不放料造成的营养不良。他想放弃，拔脚就走，但妻子的一番话却让他停下了脚步。她说，这些茶树基础都在，看着还蛮壮实，咱如果包下来，无非开头苦一点，我们一起干就是了，好日子在后头嘛。他听完沉默了，伸手摘下几片枝头的茶叶放进嘴里咀嚼，口腔里先是微苦弥漫开来，然后慢慢回甘，茶香渐渐充溢，给了他提神醒脑的力量。"我判断，可行！"就这样，李再能包下了那片茶山的一半30亩，把家小搬过去，住在茶山附近的营口村，夫妻俩没日没夜趴在山上砍柴割茅草清理灌木。当时他们的大女儿才9个月大，带在身边不方便，就寄养在路边窑厂里的老婆婆家。他记得，那次开山，他和妻子二人一共从山下拖下80多把柴，每把100多斤，才把茶山整得面貌一新。另外半爿山的两个承包人自愧不如，很快将承包权转让给了他。当年年底，家里积蓄6000元，比当初的判断多了1000元，李再能从事茶叶生产的信心更足了，而另一户承包户承包茶园120亩，由于管理不善却亏损严重。

第二年，恰逢国家茶叶形势一片向好，李再能的收获大家也都看在眼里。村里便提出，用投标的方式续签合同，价高者得。投标那天，莼湖裘村甲岙等地村民呼啦啦闻讯而来，一共到场40多人。有个借了500元押金来凑热闹的农民盲目投标，不小心成了第一中标人，而李再能的标的排在第四位。由于中标人对茶叶一无所知又极度缺钱，在签合同前一天晚上登门来向李再能求救，哭丧着脸说，如果你不帮我顶上，违约后我连借来的500元押金也要被吃没。既愤懑又觉好笑的李再能思来想去，还是割舍不掉那片倾注了心血的茶山，便答应下来，还自掏腰包说服前两位标的比自己高的人退出竞争，就这样，60亩茶山又回到了他手中。这次，他也学乖了，跟村里签订了6年合同。他和妻子也把所有精力投在茶山上，又舍得投料，种出来的茶叶又嫩又绿又亮，所有到过这片茶山的人都夸赞茶叶种得好，"松岙李再能是种茶好手"的名声也传遍十里八乡。

当时，翻过五百岙的菩提庵还有一座120亩的茶山，由甲岙村一位村民承包着，还配套有制茶厂，但因其经营不善，亏了不少钱，欠了不少债，且已经有债主上门来拉走了手扶拖拉机和其他东西，现在又有人要把茶厂最重要的设备揉捻机拆掉拉走，那人没辙，来向李再能讨救兵。李再能经常在那人的茶厂加工茶叶，不忍心好端端的机器被拆走，便答应下来，就这样，机器和茶厂保住了，他也就有了180亩茶山的承包权。新到手的120亩茶山重度营养不良，他狠心花费3.6万元，肥料放下去，茶树才肉眼可见地返了绿。这次投资，把家底都掏空还借了不少钱。李再能心里发虚，怎么办？只好去信用社贷款。还好，信用社周主任二

种茶好手李再能

话不说，全力支持，他讲的那句话，李再能永生难忘："老李，你的人品我放心，你想要贷多少，我就放多少。"

眼见李再能把一大片荒山搞成了绿茶满垄，还赚了个盆满钵满，3年后，合同期还未满，村里就说，承包款要涨价。这下李再能怒了，跟村里打起了官司。一审判下来，李再能输了。他当然不服，上诉到宁波中级法院，官司赢了。村里赔给违约金5000元。但他一点都不高兴，生了大气，不想包了。就这样，他回家开始休息。劳动惯了的他又闲不住，便开始走街串巷收黄鳝，收来后卖去宁波，收入也不差。钱是赚不完的，他想着。那3间地基就是这样买下来的，他得让自己忙碌起来，否则总觉得心里仿佛有什么地方缺了一块。

就在这时，李再能忽然听到妻子的大嗓门从远处传来，喊他回家听电话，说是商量茶山的事情。他一听，立即脚下生风，浑身来了劲。电话是刚当上王家山村村长的一个亲戚打来的，说村里的山烂田坑有100亩茶山，1984年开始就荒着，不知道他有没有兴趣承包；村长还说合同10年起订，承包费只要1万元。李再能突然明白茶对自己有多么重要了——离开茶山才一年不到，自己就浑身不得劲，而茶山一召唤，他似乎就活过来了。

那片荒废了整整5年的茶山就这样被他包了下来。那是一座真正的荒山，松树已经在茶树丛中扎根，长得又高又大；芦秆高过屋顶，李再能估摸着，赶100头牛进去，能顷刻被埋没不见影踪。怎么办？只有埋头苦干。这回，他和妻子像机器人一样忙活的结果是：一共割下8万多斤干茅草柴，吉尼斯世界纪录如果有这项目，应该就是他们开创的。"儿子还小"又成了理由，3间在他眼里已有雏形的屋地基和那些原封未动的建筑材料被他转手卖掉，换成了6万余元钱，连同卖茅草换回的几百块，统统变成肥料全部被他施进了这片失去活力的茶山。可惜他并没有盼来想象中茶树们起死回生、冒出油绿嫩叶的美好景象，土壤还是没啥肥力，茶树依旧毫无起色，不仅多年来攒下的积蓄都打了水漂，夫妻俩还累了个半死。李再能欲哭无泪，掘起茶树想把它们当柴烧了，却发现它们的根须已有大拇指粗，不像完全废了的样子，于是他又舍不得了。抱着不抛弃不放弃的心态，他决定继续撑下去。

幸亏妻子全力支持他。为了他们共同的茶事业，妻子一生下二女儿就把她寄养在了茶山附近的卢浦村。她勤快出了名，在山上像男人一样干粗活，茶季还要为采茶工做饭菜等；她又极能干，淡季时也闲不住，制作各种松爽特色点心拿去菜场售卖。李再能自家兄弟姐妹多，父母没啥能力，他自打结婚开始就只有付出，没向父母要过任何东西，还把整个家庭的责任都担起来了，两个兄弟造新房、娶媳妇，他出钱出力毫不犹豫。为减轻父亲肩上的压力（当时家里还有个患小儿麻痹后遗症的弟弟），他借口让妻子负担轻一点，把老爸叫来茶山做饭，让他有一份丰厚的薪水，还能吃饱喝好，生活有规律。后来老爸年纪大起来，他就让其退了休，并在每年茶季到来之前让老爸调理好身体，免得忙中出乱。如今老爸已经94岁高龄，由兄弟姐妹一个月一家轮流赡养，生活能够自理。老爸有今天，跟他的孝顺是分不开的。

李再能对亲人好，对制茶师傅好，对山里的茶树更好。只有舍得肥料，茶叶才能长得好，鲜叶长势好了，做出来的茶叶口感才会好。因此他把最初承包村里的小茶园收入全用来买了肥料。在精心侍弄下，茶山最终活过来，绿油油一片，因鲜叶质量出众，去别人的茶厂加工时还屡屡被偷，他也骂过，但苦于没证据，

峰景湾茶场全景

只能吃哑巴亏。有心想自己买加工的制茶机，手头还是拮据，投不起这个资。十年弹指一挥间，就在这片茶山开始"争气"，给他们带来越来越多经济效益的时候，合同期满了。夫妇俩满以为村里会跟自家续签合同，结果却出人意料，村里出新规：这次合同抓阄重订，且只订 5 年，租金一次性付清。由于新人内定，李再能自然没能成功包到茶山。他这才明白，自己好不容易盘活的茶山，老早就有人盯上了。掰指算来，这次亏大了。他生气，又觉得对茶还是无法割舍。就这样，他纠结着、企盼着，要是有一座茶山能真正属于自己就好了！

可能是上苍听见了他的心声，1999 年李再能的茶事业峰回路转。时逢奉化茶叶协会成立，镇领导派他代表松岙去奉化大酒店开会。那次，他第一回听说了茶叶还有无性繁殖，更结识了生命中最重要的贵人——市林特总站茶叶专家方乾勇。他向方工讲述了自己和茶的曲折故事，更吐露了想在一爿属于自己的茶山上栽培新品种茶叶的心声。方工说，既然你有这么大的决心，我一定尽全力支持你。过了没多久，方工就亲自来到松岙，和李再能一起寻觅、考察合适的茶山。其实整个松岙周边的山李再能早就物色过了，他看上的那座山就在岩家塘村旁边，正

好处于镇区东部，方位好，又远离镇区，闹中取静。山是荒山，灌木杂草丛生，跟当时煤气灶的盛行有关，窑厂关停，砍柴的人也没有了。方工跟着李再能去现场探勘，发现根本没有路，上不去。方工抬头观望，说山上的树长得高高大大，说明土质好，断言栽种茶树绝对有戏。这下李再能仿佛吃了颗定心丸，下定决心：买，从零开始当茶农！一打听，这山的产权属于妻子娘家石古里。但集体的山不让买，只能租。经过努力，村里和村民们（分山到户的）同意出租，租期为60年，承包款30万元一次性付清。在生产队长和会计的帮助下，挨家挨户拼凑而成的60亩山地总算到手了。李再能夫妇的新一轮大开荒又开始了。这次除了他们全家，还雇用了四五十个小工，没有挖机（有也开不上去），就发挥愚公移山精神，徒手开采。大伙日夜劳作，终于将荒山乱蓬蓬的发型慢慢整成了光洁的平头。在方工的指导下，他在这座茶山上种下了第一批无性繁殖的良种茶树苗，就像种下了满怀的希望。方工问他打算给自家茶场取个什么名字，李再能眺望着公路对面向海的山岙——当时，那儿正有个别墅楼盘要开发，取了个名字叫峰景

春到峰景湾茶场

湾。"那就叫峰景湾吧。"在方工的长期指导和帮助下，李再能坚持科学种茶，后来峰景湾茶场成为首批加入奉化雪窦山茶叶专业合作社社员。

峰景湾开山开到一半时，方工发现李再能制茶一直靠加工，便建议他先开办自己的茶厂。但他实在是拿不出钱来，新山的租金是借的，开山的人工费要付，茶苗的肥料要买……都要用钱，靠村里最早的茶山那点收入无疑杯水车薪，再说村里的茶厂还能将就着用。作为最大的加工客户之一，他曾经在人家经营不下去时，接手将茶厂转包过来，请来技艺精湛的制茶师傅，吸引周边村镇的茶农纷纷前来；茶厂效益好起来，又遭人妒忌，联合村干部从中捣鬼，不包给他……在茶厂进进出出13年，阻力重重，但李再能靠硬气做出了牌子，并得出结论：人品是做事的基础。心术不正，会贻害子孙。

人生是一条曲线，李再能的茶事业也是如此，经历了天灾人祸的考验，可谓跌宕起伏。2003年"非典"那年，他骑摩托车不慎跌断了腿。好在只伤到胫骨，恢复了就以为坏运气过去了。没想到这只是厄运的开端。2004年开春，最忙碌的茶季即将到来，他包了一辆车从新昌沙溪接来了一群采茶女，他自己骑着摩托车，后面驮了一个前车坐不下的采茶女殿后。他记得那是晚上7点光景，夜色笼罩，再加上微雨茫茫，而镇里正浇水泥路，在一个岔路口，酒驾的驾驶员可能判断失误，不踩刹车踩了油门。他在后面眼睁睁看着前面的车子疯狂地扭了三扭，然后一个倒栽葱掉进了坎下的沟，车子正好卡在两株树中间。那次事故一共造成6个重伤，3个轻伤。神奇的是他本人异常冷静，当机立断，报警、讨车、找人，最后所有人得到了及时的救治。他自己忙活了整整一个晚上没睡，将伤员们全部妥善安置好才安心，回到家时天亮了。家里乱成一锅粥，此事还影响了那年的春茶采摘。但等春茶季草草结束，他还是主动自掏腰包赔付将近30万元给受伤的采茶女。作为受害者，他的行为打动了沙溪村的村干部们，感动地说欢迎他常去沙溪玩。由于此次事件反复起落，妻子终于没能扛住，被折腾得起了心脏病。相比于失去的钱财，李再能更心疼妻子的身体变弱，他只能劝妻子把精力多放在家里，而不是山上。

屋漏偏逢连夜雨。再接下去的冬季，他的茶场遭遇罕见寒流，一大批新种下的茶苗未能成活，那次打击把李再能的身体差点打垮。好在在方工和茶业协会

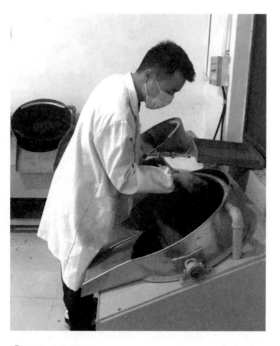

李光达在制茶

的帮助下，他又挺了过来。借了钱，他让自家请的制茶师傅去新昌付新茶秧的定金。顺便让其卖掉几大包自家制作的龙井和珠茶。万万没想到的是，那人携带着6万多元款项直接潜逃玩起了失踪，电话不接，如同从人间蒸发。这次李再能没有气馁，信心坚如磐石。整整3年，每年春茶季，他就亲自出马，埋伏在新昌茶市场旅馆，最后果真抓回了那个制茶师傅——是个负债累累的赌鬼。出于惜才，李再能让他回来继续炒茶，以工代偿，还以德报怨，

让其吃住在家并予以高薪。讨债的人闻知此人在峰景湾的消息，都纷纷上门来要账，李再能供吃供招待，还借了钱替他还债，那赌鬼感激涕零。那时，李家已经造起别墅式住房和500多平方茶叶加工车间和冷库，购买了制茶机器。恶习难改的赌鬼因握有钥匙，开始从冷库里偷茶叶卖，被李再能发现后将其辞退，从此一刀两断。

李再能在茶事业上遇到如此多的磨难，他从没想过要让儿子继承自己的茶事业。他觉得种茶太苦，他舍不得让儿子再来干这一行。因此儿子高中毕业后，他就把他送去松岙镇隔壁的鄞州塘溪学开模具，在他看来，开模具是技术活，不用风吹日晒，掌握高难度技术后收入还高。他从小就教育儿子做人要诚实，做事要认真。不要占人家便宜，不招惹别人，但也别怕事。光达也的确争气，一年后就被老板看上，重点培养，两年就成了顶梁柱，还用实力把老板高薪聘来的两位广东师傅给"挤对"走了。光达开出来的模具很完美，老板许以他年薪10多万。那一年是2012年，他们家的债款已全部还清，净收入还有30多万元，已经实现小康，扬眉吐气了。光达敏锐地发现了茶事业的诱人之处，更重要的是，他从小

到大一路看过来，发现父母实在太苦了，他们的年纪大了，已经不适合再做茶农了。他已经成年，有责任和义务接过爸妈手中的担子。李再能听了儿子的肺腑之言，心里特别欣慰，他最感欣慰的是培养出了一个好儿子，能接续峰景湾茶场，把茶事业传承下去。

对于心爱的茶这项事业，李再能觉得自己已经很会放本钱了，但比起儿子，他发现自己还是弱了点。光达的志向不止于栽种茶叶，他要制作好茶，并销售优质好茶，还要打响奉化的茶叶品牌——奉化曲毫。2016年，在奉化区农林局、茶文化促进会的联手促成下，李光达拜师"奉化曲毫"制作技艺大师张国瑞，成为这项非遗项目的最新传承人。

早在2012年年底，受国家经济形势制约，李家父子的茶叶滞销，两年没动，三年蚀掉100万元。当年制作的奉化曲毫卖到第三年才售空，好歹拿回了成本。初生牛犊李光达倒也不怵，目光远大的他越挫越勇，跑去宁波成立雪窦山茶业有限公司，并于2013年投资200万元在宁波文化广场开起第一家奉化曲毫茶书院。

李光达成为非遗项目"奉化曲毫"制作技艺最新传承人

茶书院经营模式独特，书茶结合，以销售、宣传奉化曲毫绿茶为主，兼营其他茶叶品类，很快一炮走红。前景看好，并得到宁波、奉化两级茶促会等机构和相关领导的大力支持和帮助，李光达一鼓作气，又与朋友合作，共投资800万元在宁波增开了4家连锁店，分别是鄞州区钱湖北路宝龙商业广场内的奉化曲毫茶书院宝龙店、海曙区毛衙街莲桥第的奉化曲毫茶书院莲桥第店、海曙区鄞奉路南塘老街内的奉化曲毫茶书院南塘店，以及鄞州区福明街道海宴北路上的奉化曲毫茶书院杉杉国贸店。2021年五家茶书院共销售奉化曲毫绿茶达4500斤。

2022年春节，李光达把父母请到莲桥第奉化曲毫茶书院，请他们一起走进一间名为"小满"的包间内坐下来，慢慢品茶。莲桥第茶书院位于宁波籍著名科学家屠呦呦旧居边上，环境优美，历史文化底蕴得天独厚，里面的包间以24节气命名，很有品位。穿着统一中式茶袍的服务员很快泡好了茶，娴熟地给李再能夫妇端了过来，茶香袅袅，四下弥漫。儿子在滔滔不绝地讲述着开办茶书院的意义，说是要宣传茶文化精神，让茶文化的精神内涵得到更好普及，弘扬茶文化；

奉化曲毫茶书院莲桥第店

🍃 李光达在自己的茶书院泡茶

要宣传科学饮茶知识，提高市民素养，促进大众健康；还要挖掘宁波和奉化与茶相关的历史文化好好宣传，以后还要拓宽营业范围，搞茶道、茶艺乃至琴棋书画等之类的培训……李再能和妻子听得云里雾里，泪眼蒙眬，儿子的面容也模糊了。他们其实从头到尾只听明白了一句话，那是儿子一开头就说的："爸爸妈妈，你们种了一辈子茶，却从没好好品过茶，今天儿子必须要让你们好好享受一番，好好喝喝茶！"

奉化茶史再认识

竺济法

　　2021年夏天，受奉化茶文化促进会邀请，与中国作家协会会员、奉化区作协副主席李则琴女士一起，撰写《奉茶撷英——赏雪窦胜迹，品奉化曲毫》书稿，其中由笔者撰写古代部分，李女士撰写现当代部分。一年多来，与茶促会领导、李女士愉快合作，三赴奉化，至今年8月底，完成了图文版面约12万字初稿，其中文字8万，配图150幅左右。

　　笔者生长于奉化邻县茶乡宁海，长期从事海内外茶文化学习、研究，原来印象中，在宁波南三县（区）奉化、宁海、象山茶史中，以家乡宁海最为丰富，通过梳理奉化文史、茶史，完全颠覆了这一观念，对奉化文史、茶史有了全新认识，对宗亮、契此（布袋和尚）、林逋、大川普济、陈著、戴表元、太虚等晚唐至民国期间，奉化本土诸多高僧、名家有了全新认识。

　　笔者简述以下几点：

　　——《全唐诗补编》收奉化3位诗人诗偈31首，为本市各县（市）区之最；多位唐代诗人吟咏奉化，为南三县（区）之最。《全唐诗补编》收录晚唐高僧宗亮诗偈4首，晚唐五代梁高僧契此（布袋和尚）诗偈24首、蒋宗简诗1首，合计29首，为本市各县（市）区之最，殊为难得。其中宗亮原有诗偈300多首，惜已散佚，《宋高僧传》有传。除布袋和尚外，另两位笔者首次认识，其中宗亮奉化亦少见介绍。

奉化作为"浙东唐诗之路"支线，唐代著名诗人陆龟蒙、皮日休、方干、崔道融等，留有题咏，其中陆龟蒙、皮日休各 3 首，方干有 5 首之多。

——已发现民国前茶文化诗偈 177 首，为本市各县（市）区之最。茶诗大户中，本土著名诗人林逋 24 首，陈著 28 首，戴表元 13 首，戴澳 31 首，另有太虚 28 首。其他本土和各地高僧、名人茶诗偈 49 首。

——契此（布袋和尚）是奉化史上首位著名高僧和文化名人，当代应加强研究。包括与一些奉化文化人士交流，笔者原以为契此（布袋和尚）只是传说人物，应化为弥勒菩萨后，更是神化人物。通过梳理文史和诸多佛教经典，发现其是一位有俗姓、有生卒年月日、存诗 24 首的真实人物，与其同游的居士蒋宗简、南宋同乡后辈高僧大川普济等诸多诗人均留有诗赞，宋、元、明时代，从朝廷到佛教界都极为重视，宋徽宗崇宁（1102—1106）中赐号其为定应大师。鉴于晚唐高僧宗亮 300 多首诗偈已散佚，布袋和尚堪称奉化史上首位著名高僧和文化名人，当代塑造弥勒大佛之后，年年举办弥勒文化节，虽然场面壮观，对其生平事迹与精神内涵，尚缺少研究。

——厘清林逋祖父曾在杭州为官，奉化黄贤为其出生地。笔者原先了解林逋故乡奉化《黄贤林氏宗谱》有家世记载，为林氏二世祖。但很多文献只说其是钱塘（杭州人），并无更多记载。据光绪《奉化县志》等记载，原来林逋祖父在钱塘为官，其父辈迁居黄贤为一世祖，在钱塘多少有些好友故旧，这应是林逋向往隐居钱塘孤山、两地往来之缘由。

——认识了"宋元奉化文坛双子星"陈著、戴表元。宋元时期是奉化茶文化最为辉煌之时，除了诸多高僧加持，尤为难得的是出了以气节和文学著称的两位大家——陈著、戴表元，笔者誉之为"宋元奉化文坛双子星"，留下了诸多优美茶诗。

——民国四大高僧之一太虚大师首次倡导建设佛教五大名山。太虚大师住持雪窦寺 14 年，为雪窦寺建设殚精竭虑，其最大贡献，还是首次提出要在佛教四大名山基础上，将雪窦寺打造成第五大佛教名山，如今已初步变为现实。

综上所述，本书写作过程也是良好的学习机会，通过发掘奉化文史、茶史，笔者从中学到了很多文史、茶史知识，这并不局限于奉化和宁波，随着知识积累，还可与全国文史、茶史融会贯通。

写作本书，还得到了很多朋友的支持和帮助，感谢奉化博物馆王玮馆长对本书文史、茶史部分认真指正，并提供了多幅出土的早期茶器具图片；感谢象山诗人、茶友伊建新提供多幅配图。戴表元并未在湖州为官或居住，何以能写出湖州最佳城市形象诗，笔者原先对此不甚理解，以为是其任建康（今南京）教谕时路过，或受好友邀请曾经旅游小住。笔者将初稿发给湖州市文史研究馆副馆长、《湖州陆羽茶文化研究主编》张西廷先生，其阅后告诉我，当时湖州著名书画大家赵孟頫，曾邀请戴氏去小住旅游，这就顺理成章了，是好友之深情厚谊，引发了诗人之诗兴，留下神来之笔，成为千古绝唱。

笔者自知初通文史而文笔笨拙，对诸多诗偈涉及的人名、地名、寺院名，大多作了解读。由于时间匆促，学识有限，仍感挂一漏万，难免错漏，敬请读者批评指正。

笔者草成《奉茶撷英》三章：

其一

奉化名城青史远，溯源茶事宋时传。

鸿儒耆宿多佳句，大德高僧蕴茗禅。

仁宗龙团双百片，圣恩流韵近千年。

曲毫今日臻琼玉，甘爽清香雪窦缘。

其二

奉茶馥郁奉茶美，雪窦宗风雪窦泉。

布袋和尚真自在，名山祥瑞福绵延。

其三

弥勒雪窦现金身，第五名山蕴瑞云。

翡翠曲毫青玉美，奉茶撷秀献诸君。

在茶香里相遇

李则琴

奉化多佳茗：奉化曲毫、雨易红茶、安岩白茶、弥勒禅茶……一盏一杯，滋养人心。本人有幸，与茶有缘，与茶促会有缘。犹记 2017 年元旦刚过，我接到浙江省五一劳动奖章获得者、农业技术推广研究员、知名茶叶专家方乾勇的电话，说奉化茶促会要换届，希望我加入理事会，奉化博物馆馆长王玮、摄影家协会主席杨建华等人也在，大家一起为奉化的茶文化事业做点事情。我欣然答应。

新会长韩仁建让人敬畏却又天然亲近——年轻时，他与我父亲相交甚笃。接触多了，发现他是一位浪漫的实干主义者。浪漫，是指与茶打交道本身，茶非俗物，自然高雅。经历官场差不多半个世纪后，他从市政协副主席职位上退了下来。和他差不多级别的同仁都华丽转身，步入安妥闲适的新岗位。因曾当过体育教师，老年体育协会让他去当会长，他婉拒了；新四军研究会也看中了他，他推托自己没捏过枪杆子，不合适。最后，曾任林业局局长、水利局局长和乡镇党委书记的他来到茶文化促进会，说林业和水都与茶有关，他也有发挥余热的情怀，当之应无愧。他选择了一条与安逸相反的道路，这是我觉得他最珍贵的一面。但归根结底是他质朴，实干是他的生命底色——他总想做点什么，而从不会真正闲下来。他跟茶农接近，跟年轻人接近，跟土地接近，不断学习，对奉化茶产业情况了如指掌，叫得上几乎所有知名茶企和茶人的名字——像个尽心尽责的大家长。

　　我曾跟随他于寒风凛冽的冬日一一调研位于宁波不同方位的 5 家"奉化曲毫"茶书院，也曾随他冒着酷暑去上雪窦永平寺观摩荒坡上新植的 20 多亩小茶苗；还曾跟他去横山水库、亭下水库做"好山好水好茶"计划的前期筹谋……他侃侃而谈，描绘奉化茶业新蓝图，希冀打造奉化"一茶一路"，手头的工作日志密密麻麻。他说茶事业不仅要做大，更要做深、做细。茶有道，道即正道。茶有品，品即人品。韩仁建会长为人至此，就像一杯绿茶，看似平淡，实则醇厚，是真君子也。

　　而茶促会副会长兼秘书长方乾勇，则让我体会到了什么叫"匠心"，什么叫"躬行"。他一生只做一件事——茶事，且将其做到了极致，书中的《茶魂方香》篇讲的就是他的故事。可以说，在奉化茶产业的贡献方面，无论怎样赞美他都不为过。只可惜在下的笔力写不尽他的奉献精神和对茶叶的爱，只有在此说声抱歉。

　　在本书的采写过程中，本人也接触并得到了大量优秀茶人的支持、帮助和厚爱，他们让我真切地感受到，茶不仅能净化人类身体，还能净化社会风气。与他们在茶香里相遇，是我此生莫大的荣幸。但因篇幅有限，书中出现的只是小部分代表，还有更多的身影，会一直在我记忆的绿色与清香中熠熠闪光。我相信，奉化茶产业因为有他们守望着、开拓着，明天必将更美好！

　　茶的精髓是一种文化、一种境界，深邃而高远，需要品茶的人去参悟。感谢茶促会领导的信任与力荐，让我参与《奉茶撷英》现当代部分内容的撰写。从本书古代部分作者、著名茶文化学者竺济法老师所取书名《奉茶撷英》可知，本书是对奉化整个茶文化、茶历史和茶产业发展历程的一个系统性梳理、综述和提炼，具有概括性和代表性；是为"奉茶"付出智慧、努力和心血的所有人向这份绿色馨香事业交出的一份答卷。余拙笔浅墨，不足之处，敬请读者朋友谅解。唯愿朋友们能从字里行间品咂出——茶的世界，不只是茶。并向奉化摄影家杨建华和方亚琪致谢，他们的作品为本书大大增光添彩。

主要参考文献

［1］钱时霖、姚国坤、高菊儿编：《历代茶诗集成·宋金卷》（上、中、下），上海文化出版社2016年版。

［2］宁波市奉化区地方志办公室编：《光绪〈奉化县志〉点校本》，龚芳、陈黎明点校，中国出版集团现代出版社2020年版。

［3］《雪窦寺志》编纂委员会编，王增高主编：《雪窦寺志》，宁波出版社2011年版。

［4］张如安编著：《宁波茶通典·宁波茶诗》，中国农业出版社2022年版。

鸣　谢

本书部分图片引自奉化区人民政府、雪窦寺、雪窦山——浙江省宁波市国家 5A 级旅游景区、奉化新闻网网站，特此感谢。

本书系公费出版公益性文献，主要赠送茶文化、文史爱好者。如相关作者需要，请联系奉化区茶文化促进会安排赠书。